百万点击量的家常菜

Meggy 跳舞的苹果　编著

中国轻工业出版社

带你了解本书

超高人气的菜品，想带便当？我们为你
你不想试试？选了最合适的那些

菜品原料易于采买，详尽直观的操作步骤
家常又实惠让你简单上手

烹饪难度及
时间一目
了然

作者将经验与心得倾囊相授

计量单位对照表

1茶匙固体材料=5克	1汤匙固体材料=15克
1茶匙液体材料=5毫升	1汤匙液体材料=15毫升

说明：①书中二维码建议使用手机浏览器扫码功能扫码观看视频。部分菜品的视频与图文菜谱并不完全一致，而是在原菜谱的基础上为读者提供了另外一种做法。

②书中带"适合做便当"标记的菜谱，是为上班族提供自带工作餐的选择，其选取原则是：绿叶蔬菜隔夜后易产生亚硝酸盐，不宜作为便当菜；含汤汤水水的菜品不易携带，也不宜作为便当菜。除了这两类以外的菜谱均可作为便当菜，特别是根茎类、豆蛋类、鱼虾类、肉类等食材，营养丰富又易于储存和携带。

这本书因何而生

美食博主"Meggy跳舞的苹果",小编亲热地称她为"苹果姐",是一位热爱生活的美食达人,也是国家一级健康管理师。

她长期活跃在今日头条、百家号、新浪微博、美食天下、豆果、百度直播等平台,全网粉丝过百万。烹制的美食受到无数粉丝的欢迎,很多菜谱在网络上的点击量超百万、甚至过千万!

苹果姐之所以这么受欢迎,细究起来,还在于她一直坚持制作老百姓喜闻乐见的家常菜,选取的食材全部是常见常吃的,做法是家常易学的,而且每一个烹制环节都讲解得非常详尽,不仅告诉你怎么做,还告诉你为什么,那个耐心细致啊,有一种"不让你吃透学会誓不罢休"的劲头儿!也许,这跟苹果姐曾经做过老师分不开吧,哈哈!

面对苹果姐多年积累下来的千余道美食菜谱,小编已经眼花缭乱了,每一道看着都诱人,都想介绍给我们的读者朋友。但由于篇幅有限,我们决定精中选精,选取最受网友欢迎以及非常适合家庭快手烹饪的菜品,汇成本书。

这本书里都有什么

这本菜谱收录了200道家常菜,实用接地气、简单易操作,每一道菜都分门别类加以整理,并且一步一图,让你便于查找、随时翻阅。

苹果姐更是把自己的经验心得毫无保留地记录在每一道菜谱里,有些菜谱还配有视频二维码,让你能更深入、更方便地体悟每一道菜的成功诀窍!

除了烹饪时间和难易度标识,书中还贴心地标出了适宜作为便当的食谱,为那些忙碌的上班族提供了营养丰富、简单快手的便当选择。

"香喷喷的家常菜、饭菜一锅出的花样主食、滋润养身的美味汤羹、撩人的小食和点心",希望可以让你先尝为快!

自序

在快节奏的都市生活里，美食不仅赐予我们幸福感和满足感，更是我们创造美好生活的"加油站"。

"给爱的人做有温度的食物；用简单的食材呈现食物的本真味道。"这是我的美食座右铭。从来没觉得做饭是让人头疼的事，也从不觉得流连在厨房里是痛苦的事。不起眼的食材经过我的手最终成为餐桌上的美味，令家人食欲大开、吃到尽兴时还"摇头晃脑"地夸赞几句，此时，所有的疲惫便一扫而光。

对我而言，家常饭菜图的就是一个简单、快捷、营养、美味、实惠。应该有太多人和我有着同样的想法吧，因此，我将这些家常饭菜用相机和文字记录下来发在网络上。在我发布的2000多篇食谱中，没有复杂的操作、没有昂贵的食材，也没有让人眼花缭乱的调味品。

肉末蒸蛋羹、弹牙肉皮冻、咸香豆腐脑……这些简单甚至有些要被遗弃的食材，不但变成了可口小吃，更表达了我对食材的感恩。

起初，我还觉得这些饭菜太家常、太简单而不受待见，没想到这些不起眼的饭菜却大受欢迎。不经意间，点击量达到百万、千万的食谱居然有很多。也是，我们是凡夫俗子，接"地气儿"的饭菜才是真正给予我们营养和力量的源泉。有不少读者留言："我来看的不仅是你的菜，更是你充满烟火气的生活。"

这是我的第一本食谱书，能够顺利出版，要感谢的人很多。感谢我的母亲、爱人、儿子对我每道饭菜的认可和夸奖！感谢张弘编辑在众多美食作者中发现了我，帮我策划选题并甄选内容！感谢我的读者朋友们日复一日地支持我，点赞和留言给了我更多的创作动力和灵感！

希望这本食谱能够让热爱生活、热爱美食的你举一反三，开心做好并吃好每一餐，感恩大自然赐予我们的每一种美味！

Meggy跳舞的苹果

（赵钢）

2021年于北京

推荐序

在豆果美食，我们拥有着大量的美食达人，苹果姐是其中我们长期合作且非常优秀的一位。多年来，她为大家贡献了上千道优质菜谱。在赏心悦目的美食背后，是每一道菜的精细烹饪、每个步骤的用心呈现，并为此坚持不懈6年多，同时还要兼顾家庭、工作、生活……很多人都说拥有自己的热爱是一件很幸运的事，但热爱的背后需要的是多年的坚持不懈与努力付出。我从心底里佩服包括苹果姐在内的所有美食达人们的坚持精神。

我看过各式各样的美食菜谱，依然真诚地向热爱烹饪、热爱生活的你推荐这本书，此书浓缩了苹果姐多年来对于烹饪这件事全方位的实战经验，相信无论你是否擅长烹饪，都能从中得到灵感，有所收获。

随着后疫情时代的到来以及人们对健康的需求愈发强烈，回家做饭已经成为热潮。希望这本书能够成为你回家做饭的一个小小助力。也祝愿读者朋友们都能好好吃饭，拥抱更加理想的美好生活！

好朋友兼豆果美食合伙人　钟锋

推荐序

认识她，是在北京的料理教室里，我教大家一起跟着我做海鲜煎饼。

不得了，学员Meggy做得比我还好！还加入了自己的创意进去。那时我就知道，她是一个在烹饪上有灵气的人。

后来，就得知了她即将出版自己的美食图书。这里，一定要恭喜Meggy！

这本食谱书，对于喜欢做菜的你、刚刚学做菜的你，可以是本武林秘籍，让你打通血脉，功力加乘！

"上桌秒光的家常菜、轻松一锅出的主食、好学易做的美味汤羹、解馋解压的小食和点心"，分类清楚，让你容易查找，便于选择。

而且，每道菜谱上，成品如何完整呈现、要花多少时间、难易度、是否适合做便当，都有详尽的指导。最重要的是，Meggy的心法秘籍也都全盘托出，诚意满满！

想学做菜的朋友们，想精进自己做菜功力的人，不能错过这本食谱哦！还有你家谁掌厨，跟他一起研究，幸福的还是你自己，哈哈哈！

最后，祝福Meggy新书大卖，著作等身！

柯俊年

2021.3.12

柯俊年，人称"柯老大"，台湾著名美食家、金牌名厨，出镜率最高的美食节目主持人之一，曾出演《康熙来了》《冰冰好料理》等节目，被誉为"台湾最佳吃货"。

目录

CHAPTER **1**
香喷喷的家常菜，
上桌秒光

CHAPTER 2

饭菜一锅的花样主食，
轻松一餐

CHAPTER **3**

滋润养身的美味汤羹，
好学易做

CHAPTER **4**

撩人的小食和点心，
解馋解压

CHAPTER 1

香喷喷的家常菜，
上桌秒光

酱牛肉

| 烹饪时间：1.5小时 | 烹饪难度：简单 | 适合做便当

扫码看视频，
轻松跟着做

用料 牛腱子900克·大葱半棵·姜1块·八角3颗·陈皮1块·香叶3片·良姜1块·草果2颗·栀子1颗·白蔻4颗·干红辣椒4个·冰糖5粒·黄豆酱50克·酱油适量·老抽少许·盐适量

做法
1 牛腱子洗净，入电饭煲内胆中，加水没过肉块。
2 选择煲汤挡，时间1.5小时，待汤煮开后，撇去浮沫。
3 黄豆酱加适量凉水稀释，过筛去掉豆渣，防粘锅底。
4 将全部香料及调料放入锅中。盖上盖子，完成设定的程序。
5 炖至用筷子能轻松扎透肉最厚的地方即可；泡在汤里数小时至充分入味，冷藏后可轻松切片。

烹饪秘籍

1 酱好的牛肉放冰箱冷藏3小时以上，切片时不碎不散，可蘸蒜醋汁食用。
2 剩下的汤捞去香料残渣，可煮浓香牛肉面，也可入冰箱冷藏作为老汤使用。

用料 牛肉2000克·姜1块·八角2颗·桂皮1块·白蔻4颗·香叶4片·花椒1撮·山楂片8片·酱油适量·老抽少许·盐适量

做法
1 牛肉洗净，切成2~3厘米见方的大块。
2 入凉水锅中煮开，撇去浮沫。
3 将除盐外的全部调料倒入牛肉锅中，盖盖，小火慢炖。
4 待汤耗得差不多时，放盐调匀，小火炖15分钟，待肉烂汤浓即可出锅。

炖牛肉

| 烹饪时间：2小时 | 烹饪难度：简单 | 适合做便

烹饪秘籍

1 牛肉切块入凉水锅中加热，可将内部血水逼出来，撇掉浮沫可保留更多的营养和浓香。如果焯水再炖，味道会打折扣。
2 调料香料可随喜欢来调整，加几片山楂可加速牛肉成熟。
3 如用高压锅，时间可大大节约，约需要40分钟。

买一块羊臀肉，切块腌一腌，入烤箱烤一烤，再撒点孜然、辣椒粉，喷香的羊肉串就烤好了。干净、实惠、解馋，在家轻松搞定街边经典小吃。

香辣羊肉串

| 烹饪时间：40分钟 | 烹饪难度：简单 | ⊞ 适合做便当

用料

羊臀肉500克 · 姜1块 · 大蒜6瓣 · 盐少许 · 辣椒粉适量 · 孜然粒适量

做法

1 肥瘦相间的羊臀肉清洗干净。

2 将羊肉切成2厘米见方的肉块，与姜丝、蒜片同入碗中，抓捏3分钟。

3 竹扦子洗净，将肥瘦肉交替着穿插在扦子上。

烹饪秘籍

1 羊肉如果烤出的肉汁太多，可取出倒掉，再重新入烤箱烤几分钟。或者用烤架+烤盘，羊肉串干香还不会污染烤箱。

2 羊臀肉、羊腿肉适合做羊肉串。

4 摆放在铺了锡纸的烤盘上，锡纸的哑光面朝上接触食物。

5 烤箱预热200℃，羊肉串入烤箱中层，烤10～15分钟。

6 出炉后撒盐、辣椒粉和孜然粒即可。

红烧牛尾

| 烹饪时间：1.5小时 | 烹饪难度：简单 | 适合做便当

用料　牛尾1根 · 大葱1段 · 姜1块 · 桂皮1块 · 冰糖5粒 · 酱油、生抽各适量 · 盐少许

做法
1　牛尾段泡凉水15分钟，去除内部多余的血水。
2　放凉水锅中煮开，撇浮沫，将牛尾段从沸腾处捞出。
3　锅中倒少许油，小火将冰糖炒出琥珀色。
4　将牛尾倒入锅中煸炒上色，放入葱段、姜片、桂皮。
5　倒适量酱油、生抽、盐，将焯牛尾的热汤倒锅中同炖。
6　盖盖子小火慢炖，炖到牛肉能被轻松扎透即可。

烹饪秘籍
1　调料无须多，否则会给滑嫩的牛尾增加厚重感。
2　中途如加水需加热水。用高压锅可缩短烹饪时间。

用料　羊排1000克 · 大蒜1头 · 姜1块 · 花椒1撮 · 料酒少许 · 酱油适量 · 老抽少许 · 盐适量

做法
1　羊排剁小块，清洗两遍。姜切片。
2　入凉水锅中煮开，变色后捞出。
3　将羊排和热水入电饭煲内胆，倒入所有调料，盖上盖子，焖炖50分钟左右。
4　至汤香肉烂，筷子能轻松扎透羊肉，略收汁出锅。

烹饪秘籍
1　如果用高压锅可大大缩短时间，但水量要减少一半，以确保炖出来的羊排入味、不水塌塌的。
2　想要羊汤浓郁，羊排可不焯水，水开后撇掉浮沫再入调料同炖。

红烧羊排

| 烹饪时间：1小时 | 烹饪难度：简单 | 适合做便

羊肉性热，白萝卜性凉，二者互补，一个软烂，一个多汁，口感上也更加丰富。这是一道秋冬季节的养生菜，既解馋又不会上火。

羊排炖萝卜

| 烹饪时间：1小时 | 烹饪难度：简单 | 适合做便当

用料

羊排1800克 · 白萝卜半根 · 大葱1段 · 姜1块 · 花椒1撮 · 料酒适量 · 酱油适量 · 盐少许

做法

1 羊排剁小块，清洗干净。姜切片。

2 入凉水锅，大火煮开后捞出。

3 另起锅倒水，将葱段、姜片、花椒、酱油同入锅煮开。

4 羊排入锅，倒入料酒，煮开后盖盖子，小火慢炖至软烂。

5 白萝卜刮掉外皮，入锅前切成滚刀块。

6 白萝卜入羊排锅中，翻拌均匀，中火焖炖15分钟，撒少许盐拌匀，出锅即可。

烹饪秘籍

1 羊排焯水后入热汤中焖炖，可使肉质软嫩。

2 盐出锅前放，可以减少盐分的摄入。

3 用高压锅可大大缩短烹饪时间。

洋葱爆羊肉

百万点击量

| 烹饪时间：15分钟 | 烹饪难度：简单 | ⊞ 适合做便当

洋葱爆羊肉比传统的大葱爆羊肉更让人喜欢，洋葱比大葱水分更足、口感更脆。把羊腿肉切得薄薄的，凉油划散，大火加热，再撒点孜然粒，味道不比饭店的差。

用料

羊腿肉400克·洋葱半个·油适量·盐2克·酱油适量·孜然粒1撮·香葱1棵

做法

1 羊腿肉、洋葱洗净。羊肉切薄片，洋葱切细丝，香葱切段。

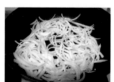

2 炒锅中倒适量油，烧至七八成热时，将洋葱丝入锅翻炒2分钟，至微微变软盛出。

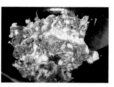

3 热锅温油，将羊肉片入锅，用铲子迅速划散，使羊肉片不粘连在一起。

4 待羊肉片全部散开，转大火，撒一撮孜然粒。

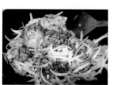

5 待羊肉完全变色后，洋葱丝回锅，迅速撒盐、倒酱油。

6 翻炒均匀，关火，撒上香葱段即可。

烹饪秘籍

1 羊肉不要泡水，冲洗后直接切薄片，炒的时候不会出汤。

2 如果刀功不好，可将羊肉放冰箱冷冻变硬，即可轻松切薄片。

3 整道菜要快速，一气呵成，确保肉片鲜嫩，洋葱脆嫩。

4 香葱可用香菜代替。

红烧肉中的搭配食材可依照口味和四季替换，这样总能吃出新鲜感。泡发过的小香菇吸足了肉汤，味道浓香，用泡香菇水与肉同烧，非常有营养。

香菇红烧肉

| 烹饪时间：50分钟 | 烹饪难度：简单 | 🍱 适合做便当

用料

猪五花肉800克 · 泡发小香菇1碗 · 植物油少许 · 冰糖1小把 · 大蒜1头 · 姜1块 · 白酒少许 · 八角2颗 · 盐适量

做法

1 猪五花肉切成1厘米厚的小长块。

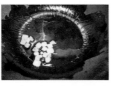

2 炒锅中倒少许油，热锅凉油，将冰糖炒出褐色。

3 将五花肉块倒入锅中，中火翻炒，使每块肉都能裹上糖色。炒到肥肉呈透明状，肉块变紧变小，锅中油脂渐多。

烹饪秘籍

1 炒糖色时火不要大，等冰糖融化变浅色时就把肉块准备好，等颜色全部变成中等褐色时倒入肉块。

2 如果颜色不重，可放适量酱油同炖。

3 白酒可用料酒、黄酒代替，风味会有不同。

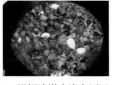

4 沿锅边淋少许白酒迅速翻炒，依次放入大蒜、姜块、八角、泡香菇水、适量热水，盖盖子小火焖炖15分钟。

5 将泡发好的小香菇入肉锅中，翻拌均匀，盖盖子同炖30分钟。

6 起锅前撒少许盐，混合均匀，收汁即可。

五花肉烧干豆角

| 烹饪时间：40分钟 | 烹饪难度：简单 | 适合做便当

用料　猪五花肉700克· 干豆角180克· 植物油少许· 冰糖1小把· 大蒜1头· 八角2颗· 酱油适量· 盐、料酒各少许

做法
1. 干豆角洗净，在凉水中泡软。五花肉洗净，切2厘米厚的小块。
2. 热锅凉油，放入冰糖炒成焦糖色。
3. 将肉块倒锅中不停翻炒，直到油脂被煵出来，肉块略变小，依次加入料酒、蒜瓣、八角。
4. 倒少许酱油增色，倒适量热水没过肉块，盖盖，小火焖炖20分钟。
5. 放入泡软的豆角，加盐拌匀，盖盖，小火焖炖20分钟，起锅前略收汁。

烹饪秘籍
1. 干豆角吃油，所以五花肉可略肥一些。
2. 干豆角要提前泡软，再与炖到五成熟的五花肉同炖，既吸足了肉汁，吃起来还略感筋道。

香烤五花肉

| 烹饪时间：30分钟 | 烹饪难度：简单 | 适合做

用料　带皮猪五花肉900克· 酱油50毫升· 生抽50毫升· 盐4克· 料酒20毫升· 白糖10克· 黑胡椒粉4克· 姜1块· 干红辣椒3个· 八角1颗· 花椒1撮

做法
1. 带皮五花肉洗净，切成长10厘米、宽5厘米的块，与切好的姜丝、干辣椒、酱油、生抽、料酒、白糖、八角、花椒同入盆中。
2. 用餐叉在肉上扎小洞，与调料拌匀，放阴凉处腌6小时以上，冰箱冷藏过夜更佳。
3. 将腌好的肉块码在烤架上，下面放烤盘接住烤出来的汤水油脂。
4. 送入预热好的烤箱中层，上下火200℃/210℃烤30分钟，中途翻一次，出锅后凉凉切片，撒上盐、黑胡椒粉即可。

烹饪秘籍

腌肉的调料可多一些，味道浓一些，用餐叉扎洞、中途将肉块翻身或者稍做按摩，都利于肉块充分入味。

排骨蒸着吃又香又嫩，还省去了油烟的困扰，对于上班族尤为适合。早上出门前将排骨放冰箱腌制入味，晚上焖饭时蒸一蒸就好啦！

蒸香嫩排骨

百万点击量

| 烹饪时间：20分钟（不含腌泡时间） | 烹饪难度：简单

| 🍱 适合做便当

用料

猪排骨600克 · 生抽20毫升 · 蚝油20毫升 · 盐少许 · 白糖10克 · 大葱1段 · 姜1块 · 八角1颗 · 红辣椒1个 · 香葱1棵 · 玉米淀粉30克

做法

1 排骨剁小块，洗去骨渣，泡凉水15分钟后捞出，放入大碗中。

2 大葱、姜切丝，与生抽、蚝油、盐、白糖、八角同入大碗中。

3 充分拌匀，放阴凉处腌2小时以上，中途翻两次身，至均匀入味。

4 蒸之前舀2汤匙玉米淀粉和排骨拌匀，放淀粉可以锁住肉汁。

5 将排骨摆盘，如果不介意模样，摆不摆可随意。香葱、红辣椒切末。

6 将排骨入蒸锅中，大火上汽后蒸20分钟，出锅后撒香葱末和红辣椒末增色添香。

烹饪秘籍

1 排骨剁成小块易入味且熟得快，泡凉水可去除部分杂质和血水。

2 淀粉必不可少，可锁住肉汁使肉嫩，不放淀粉的肉又柴又干，而且还会出好多汤。

干锅酸笋腊肉

| 烹饪时间：30分钟 | 烹饪难度：简单 | 田 适合做便当

广西的酸笋又脆又嫩，和腊肉一起炒，真是酸爽开胃。腊肉的油脂被酸笋吸收，酸笋的酸味又融合在整道菜中。小锅上桌，边加热边吃，腊肉、酸笋、青蒜的香气弥漫在空气中，让人胃口大开。

用料　腊肉1条 · 酸笋2根 · 土豆1个 · 胡萝卜1根 · 杏鲍菇1根 · 青辣椒2根 · 红
辣椒3个 · 青蒜2棵 · 酸姜1块 · 大蒜2瓣 · 油少许 · 盐少许 · 酱油少许

做法

1 腊肉、酸笋、酸姜准备好。

2 腊肉一切两段，入凉水锅中，水开后煮10分钟，去除多余的油脂、盐和杂质。

3 酸笋、酸姜用凉水冲洗一遍，分别切片。

4 土豆、胡萝卜削皮、切片，杏鲍菇切片。

5 青红辣椒去子、切块，青蒜切段。

6 腊肉稍凉凉，切厚片。

7 锅中倒少许油，用蒜片炝锅，依次入腊肉、土豆片、胡萝卜片，待土豆片有焦边出现时，倒入酸笋、酸姜、杏鲍菇，根据口味加盐、酱油，翻炒均匀。

8 待汤汁略收干，把辣椒和青蒜入锅中混合，变色即关火。可直接端锅上桌，也可入小锅中用酒精炉加热，酸爽微辣，越吃越香。

烹饪秘籍

1　腊肉用水煮一下，不但能去除表面的杂质灰尘，也能增加湿润度，利于切片，口感也软乎耐嚼。
2　蔬菜不限于这些，可根据口味来调整。

鱼香肉丝

| 烹饪时间：10分钟 | 烹饪难度：简单 | 📠 适合做便当

鱼香肉丝是一道经典的"万人迷"，咸中带甜，微辣中又有淡淡的醋香，不管里面的食材如何变化，不可少的肯定是肉丝。

用料

猪里脊1块·胡萝卜1根·青椒1个·葱花少许·油适量·盐2克·酱油10毫升·米醋1汤匙·白糖1汤匙·豆瓣辣酱1汤匙·玉米淀粉1茶匙·料酒20毫升

做法

1 猪里脊切细丝，放少许淀粉和料酒抓匀。

2 青椒去蒂、去子、切细丝，胡萝卜切细丝。

3 热锅热油，先将胡萝卜煸炒1分钟，再倒青椒翻炒变色，盛出备用。

4 热锅温油，将肉丝和葱花入锅，迅速划散。

5 待肉色稍变色，加1汤匙豆瓣辣酱，翻炒至均匀上色。

6 将胡萝卜、青椒回锅，放盐、白糖、酱油，沿锅边淋米醋，快速翻炒均匀出锅。

烹饪秘籍

1 肉丝用少许淀粉和料酒抓匀腌制，可使肉嫩不腥。猪里脊也可换成其他肉类。
2 调料没有固定的，可按口味来调整比例，豆瓣辣酱是灵魂。醋不要太多，吃时要有若有若无的味道，最后放醋有助于保持菜的颜色和口感。

用料

猪里脊300克·盐2克·白糖30克·米醋20毫升·酱油1汤匙·番茄酱20克·料酒少许·鸡蛋1个·玉米淀粉适量·葱花少许·白芝麻1撮·油适量

烹饪秘籍

1 肉条先用淀粉、料酒、鸡蛋腌一下，可去腥增嫩。外裹薄薄的淀粉炸一下，可使外皮酥脆。第一次炸是定形，第二次是炸出外焦里嫩的口感。

2 糖醋汁调好后可用筷子蘸一点儿尝尝，生的比熟的味道要淡一些。

糖醋里脊

烹饪时间：15分钟 | 烹饪难度：简单 | 适合做便当

嫩嫩的里脊肉裹着浓郁的糖醋汁，外焦里嫩，非常开胃。糖醋汁的调配没有固定的比例，完全可以按照个人的喜好来放。用少许酱油和番茄酱调颜色，色香味俱佳。

做法

1 猪里脊切成小拇指粗细，要逆着纤维走向切。加料酒、淀粉、鸡蛋，抓匀，腌10分钟。

2 用白糖、米醋、酱油、番茄酱、盐、适量清水调糖醋汁。另将淀粉和少许凉水调成水淀粉。

3 准备一个盘子装淀粉，将每条肉都裹满淀粉。

4 炒锅中倒适量油，中火加热，竖一根筷子在油中，周围有细密的小气泡时将肉条入油锅中，待肉条变硬定形后捞出，肉条可分3次炸完。

5 将油加热升温，肉条回锅复炸10秒捞出，表面焦黄。

6 锅中留底油，葱花炝锅，将糖醋汁入锅中煮开，倒水淀粉使糖醋汁变浓稠。

7 将肉条倒入锅中，均匀裹上糖醋汁，出锅前撒一把白芝麻即可。

卤肘子

百万点击量

| 烹饪时间：1.5小时 | 烹饪难度：简单 | 适合做便当

用老汤卤出来的肘子光亮、味浓，还没出锅就香飘满屋了。整个肘子端上桌很大气，趁热扒开，软糯咸香，一抢而光。凉后切片，蘸蒜醋汁味道更佳，而且不腻，既是下酒下饭菜，还能剁碎与香菜、辣椒同拌，做成"肉夹馍"。

用料　猪前肘2个 · 老汤1碗 · 大葱半棵 · 姜1块 · 大蒜1头 · 桂皮1块 · 八角4颗 · 干红辣椒4个 · 花椒1撮 · 陈皮1块 · 柚子干1片 · 盐适量 · 老抽少许 · 酱油适量

做法

1 两个前肘剔掉骨头，刮掉表面的毛，清洗干净。

2 葱切段，姜切片，家常调味料准备好。

3 老汤解冻，挖成大块。

4 将老汤和全部调料同入炖锅中，水先不要多放，根据肘子入锅后的水位适量添加。肘子另外入温水锅中煮开，去除杂质。

5 将焯水的肘子入炖锅中，把水加至最大限量处，盖盖子，大火煮开后转小火，中途可补热水。

6 当炖煮至筷子能轻松扎透肉厚的地方就关火。

7 趁热食用时需淋上少许卤汤添滋味，想凉食可将肘子泡汤中4小时以上。

8 捞出后入保鲜袋，冰箱冷藏后切片，蘸蒜醋汁食用。

烹饪秘籍

1　老汤就是上次卤肘子的汤，捞掉调料和残渣后，短期内使用可冷藏保存，长时间再用可冷冻保存。用时再放适量新鲜的调料和水，越熬越香浓。这次的卤汁用同样的方法处理保存，就成为下次的老汤。

2　前肘骨头小，后肘骨头大且长，可根据喜好来选择。

酸豆角
炒肉末

| 烹饪时间：15分钟 | 烹饪难度：简单 | ⊞ 适合做便当

用料　酸豆角1把 · 猪肉末300克 · 植物油适量 · 干红辣椒碎适量 · 盐少许 · 酱油少许 · 姜末适量

做法
1 酸豆角冲洗一下，切碎末。
2 热锅凉油，将一半姜末煸炒微焦黄。
3 将肉末倒锅中，大火煸炒出汤，至肉末变得颗粒分明。
4 酸豆角入锅中，大火翻炒，待豆中的水气煸出一部分时，倒入干红辣椒碎。
5 依次倒入盐、酱油、生姜末，不停翻炒。待汤汁变少、酸豆角干香油润时即可出锅。

烹饪秘籍

1 肉末可多可少，随口味调整。干红辣椒碎可用干红辣椒圈或者小米辣代替。
2 一半姜末先煸炒，有去肉腥的效果。后放的生姜末有整体增香的作用。

用料　酸菜1盘 · 粉丝2小捆 · 猪肉100克 · 油适量 · 酱油、盐、葱花各少许 · 料酒10毫升 · 淀粉1茶匙

做法
1 酸菜切细丝，水冲一下即可。猪肉切细丝，放少许淀粉、料酒抓捏入味。粉丝用温水泡软，剪短。
2 炒锅中火加热，倒油，油有一点温热时将肉丝入锅，迅速划散，倒入葱花，转大火炒变色。
3 酸菜倒入锅中翻炒，至均匀裹上油脂，依次倒入盐、酱油。
4 倒入粉丝快速混合，点少许清水增加湿度，翻拌均匀，至粉丝变软即可出锅。

猪肉酸菜
粉丝

| 烹饪时间：10分钟 | 烹饪难度：简单 | ⊞ 适合做便当

烹饪秘籍

1 酸菜冲洗一下即可，不要久泡，以免失去酸味。
2 加入粉丝后点少许凉水，增加这道菜的湿润口感，不柴不干。

这道肉末茄子煲做法简单，不挑厨具，用砂锅更延长了保温效果。如果能吃辣，撒一把红亮亮的小米辣圈，与嫩绿的香葱末搭配，养眼又下饭。

肉末茄子煲

🏆 百万点击量

| 烹饪时间：20分钟 | 烹饪难度：简单 | 🍱 适合做便当

用料

长茄子2根·猪肉末100克·香葱2棵·青蒜1棵·姜2片·干红辣椒3个·油适量·酱油少许·盐少许·生抽少许·醋少许

做法

1 茄子、香葱、青蒜洗净，长茄子切拇指粗的段，撒少许盐腌10分钟。

2 香葱、青蒜、姜切末。将茄子条轻轻挤压几下，挤出多余的茄子汁。

3 炒锅中倒适量油，将茄条倒锅中翻炒变软，再把茄条倒入砂锅中。

烹饪秘籍

1 长茄子比圆茄子口感更嫩，更适合做这道茄子煲。
2 醋不要多，几滴即可。也可以再加1茶匙白糖，能增加鲜味并中和醋味。

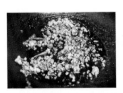

4 热锅温油，将肉末倒锅中划散，稍变色，依次倒入干红辣椒、姜末、盐、酱油、生抽。

5 倒入一半的青蒜末、香葱末、1碗水，煮开。

6 将肉末汤汁倒入茄子砂锅中，点几滴醋，小火炖10分钟，出锅后撒剩余青蒜末、香葱末即可。

蒸肉末鸡蛋羹

| 烹饪时间：20分钟 | 烹饪难度：简单 | 🍱 适合做便当

用料 鸡蛋4个·猪肉末少许·油少许·生抽少许·香葱1棵

做法
1 鸡蛋打散，倒入鸡蛋液2倍的凉开水或者温开水，轻轻搅打均匀。
2 将蛋液缓缓倒入蒸碗中，用筷子挡在碗边挡住浮沫。蒙上保鲜膜，表面扎几个小孔。
3 放入凉水蒸锅中，盖盖子，上汽后转中火全程蒸8分钟。香葱切末。
4 蒸蛋羹时另起一锅，用少许油将肉末炒熟，加生抽调色调味备用。
5 蛋羹蒸到6分钟时，去掉保鲜膜，将一半肉末铺撒在蛋羹表面，盖盖，再蒸2分钟。出锅后撒上剩余的肉末及香葱末即可。

烹饪秘籍

放一半熟肉末与蛋羹同蒸，可使肉末与蛋羹混为一体，有蛋包肉之口感。如嫌麻烦，可一气呵成蒸完蛋羹，出锅后将全部肉末和香葱末撒在蛋羹上。

用料 猪肉末300克·北豆腐半块·胡萝卜1根·盐适量·酱油1汤匙·蚝油20毫升·黑胡椒粉3克

做法
1 猪肉末中加盐、酱油、蚝油、黑胡椒粉混合均匀。
2 胡萝卜用擦丝器擦细丝，豆腐用手抓碎，与肉馅混合均匀。
3 手取适量馅料，揉成乒乓球大小的圆球，码放进空气炸锅的炸篮里。
4 调180℃，炸15分钟，至表皮金黄即可出锅。

烹饪秘籍

1 猪肉略带一点点肥，吃起来不柴。三种食材的比例没有固定，可根据喜好调整。豆腐宜选用较结实的北豆腐、韧豆腐，不宜用内酯豆腐、鸡蛋豆腐。
2 没有空气炸锅可用烤箱，不用一滴油。

无油猪肉豆腐丸子

百万点击量

| 烹饪时间：30分钟 | 烹饪难度：简单 | 🍱 适合做便当

豆腐不易入味，放点儿猪肉末，做成鱼香味，汤里勾点儿薄芡更显浓香。咸甜酸辣，口味复合，层层递进。连豆腐带汤舀几勺浇在米饭上，呼噜噜吃光一大碗，最后连汤都不剩。

鱼香豆腐

| 烹饪时间：15分钟 | 烹饪难度：简单 | 适合做便当

用料

豆腐1块 · 猪肉末80克 · 水发木耳1碟 · 青蒜2棵 · 豆瓣辣酱1汤匙 · 米醋1汤匙 · 白糖1汤匙 · 盐1克 · 酱油10毫升 · 白胡椒粉2克 · 大蒜3瓣 · 淀粉1汤匙 · 植物油少许

做法

1 豆腐切2厘米左右的块，青蒜切末。

2 用酱油、米醋、淀粉、适量凉水调成淀粉浆备用，大蒜剁末。

3 热锅温油，将豆瓣辣酱入锅中煸炒出红油，再倒大蒜末同炒。

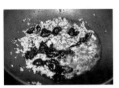

4 肉末入锅迅速划散，变色后加木耳同炒。

5 豆腐块入锅，加少许水，用铲子轻轻推动，转中火炖2分钟。将淀粉浆重新拌匀，淋入锅中。

6 用铲子轻轻推动，待汤汁变黏稠、有光泽时，将青蒜末倒入汤中，加白糖、盐、白胡椒粉拌匀，关火。

烹饪秘籍

1 鱼香汁的比例不固定，可根据菜料量、个人口味来调整，酱油不宜太重，口感咸中带甜，略带一点酸味。

2 用此方法还可做鱼香肉丝、鱼香土豆丝、鱼香茄子等多种菜肴。

蒸肉末玉子豆腐

🏆 百万点击量

| 烹饪时间：15分钟 | 烹饪难度：简单 | 🍱 适合做便当

玉子豆腐、肉末、鸡蛋三种材料码放整齐，嫩黄色的花朵造型里点缀少许红和绿，漂亮又大气。玉子豆腐滑爽细嫩、肉末喷香入味、鸡蛋略带溏心，出锅后淋少许生抽，特别有滋味。

用料

玉子豆腐2条·鸡蛋1个·猪肉末50克·香葱2棵·小米辣1个·生抽、盐各少许

做法

1 玉子豆腐、肉末、鸡蛋准备好，香葱、小米辣洗净，分别切末。

2 玉子豆腐袋子切掉两头，轻轻一挤脱模，切成厚约8毫米的片，码放在深圆盘中。

3 玉子豆腐边角料捣碎，和少许盐、凉水同入肉末中，调成糊糊状。

烹饪秘籍

1 玉子豆腐嫩滑，码放时轻拿轻放，防止破碎。
2 想要溏心鸡蛋可蒸8分钟，全熟可蒸10分钟。

4 将肉馅填充在玉子豆腐的空隙中。

5 将鸡蛋磕在中心。

6 送入蒸箱或蒸锅中，蒸8～12分钟。出锅后淋少许生抽，撒香葱末、小米辣末即可。

用料

肥瘦猪肉300克 · 咸蛋黄12个 · 鸡蛋1个 · 西蓝花半棵 · 大葱1段 · 姜1块 · 黑胡椒粉3克 · 蚝油2汤匙 · 酱油2汤匙 · 淀粉2汤匙 · 盐2克 · 八角1颗 · 水淀粉少许 · 油适量

烹饪秘籍

1 肉馅有细小颗粒会让丸子更松软，可在肉馅中放少许藕丁或者荸荠丁，口感更嫩。

2 炸好的丸子可直接吃，也可如文中二次加工。

3 西蓝花可换成油菜等绿叶菜，漂亮又清口。

红烧咸蛋黄狮子头

百万点击量

| 烹饪时间：30分钟 | 烹饪难度：简单 | 适合做便当

这红烧狮子头从外观看很一般，咬开后才发现"金屋藏娇"——好大一颗咸蛋黄！外面的肉丸子鲜香，里面的咸蛋黄沙沙的，不但好吃，更是逢年过节讨口彩的硬菜。

做法

1 葱姜切末。肥瘦肉切丁，用绞肉机打成肉糜，与鸡蛋、葱姜末、淀粉、蚝油、酱油、黑胡椒粉、盐同入一碗。

2 顺着一个方向搅拌稍上劲，酌量加凉水，用筷子挑起来成团不散。

3 咸蛋黄提前上锅蒸10分钟，凉凉。取适量肉馅拍成小饼状，将咸蛋黄放在上面，左右手来回倒几下成一个圆球。

4 奶锅中倒半锅油，中火加热，取少许肉馅入锅中试一下，能快速浮起来说明油温合适。将肉丸子放油锅里，炸至表面金红捞出。

5 另烧半锅水，点几滴油及少许盐，将分成小朵的西蓝花焯2分钟，捞出后过凉水，摆盘。

6 另起锅，倒少许酱油、适量水、1颗八角，中火烧开，转小火，放入丸子焖炖15分钟，起锅前淋少许水淀粉勾薄芡，摆放在西蓝花围边的盘中。

白萝卜猪肉夹

| 烹饪时间：20分钟 | 烹饪难度：简单 | 适合做便当

扫码看视频，
轻松跟着做

这道菜很受小朋友和老人喜欢，造型大方，口感清爽，放点儿肉馅鲜美香嫩。上锅蒸6分钟，不加一滴油，又少了油烟的侵扰，是一举多得的家常小菜和待客菜。

用料

白萝卜半根·猪肉末100克·蚝油20毫升·香葱2棵·盐少许·白胡椒粉2克·淀粉少许

烹饪秘籍

1　这道菜是借着肉味吃萝卜，所以肉不要太多，将萝卜边角料剁碎与肉馅混合可使夹馅饱满且汁水丰盈。
2　这道菜不要放酱油，用少许生抽或蚝油增鲜即可。

做法

1　白萝卜洗净、削皮，切厚约2毫米的薄片。边角料切末。香葱切末。

2　萝卜片焯水1~2分钟，捞出后冲凉水。

3　萝卜末、香葱末与肉末同入一碗，加适量盐、白胡椒粉、淀粉、蚝油、少许凉水，拌匀。

4　取一片萝卜，舀适量馅料在萝卜上，对折后稍用力捏合。

5　取一个深盘，每做好一个萝卜夹就码放在盘中。中间围萝卜片，再用肉馅填满。

6　送入蒸锅，大火上汽后蒸6分钟，出锅后撒香葱末。也可将萝卜肉汁倒小锅中，勾薄芡再淋入萝卜肉夹中。

山药是药食同源的食材，把它跟肉丸子一起蒸，淋上酱汁，肉丸结实入味，山药软糯微甜，全家人各取所需。山药富含淀粉，还能代替一部分主食，真是吃美了！

用料

山药1段 · 猪瘦肉末100克 · 大葱1段 · 青蒜叶2片 · 生抽20毫升 · 盐1克 · 淀粉3汤匙 · 蚝油10毫升 · 酱油10毫升

蒸山药肉丸

Ⅰ 烹饪时间：**30分钟** Ⅰ 烹饪难度：简单 Ⅰ ⊞ 适合做便当

扫码看视频，
轻松跟着做

做法

1 山药刮去外皮，冲洗干净，切成厚约8毫米的圆片；将山药片围一圈摆在一个平盘里。

2 将山药边角料、大葱段、肉末、2汤匙淀粉、盐、生抽一同放入绞肉机中打成肉糜。

3 用勺子蘸凉水舀适量肉馅，再用筷子整形成圆球状，或者戴上手套将肉丸整形。

4 将肉丸码放在盘子中央，送入蒸锅中，大火上汽后蒸12分钟。

5 山药肉丸快出锅时熬芡汁：蚝油、酱油、1汤匙淀粉、1碗凉水混匀，小火加热至沸腾后离火。

6 将芡汁淋在山药肉丸上，撒少许切好的青蒜末或者香葱末即可。

烹饪秘籍

1 山药所含的植物碱会导致发肤发痒，可戴手套操作，也可捏着山药一端刮皮。

2 山药和大葱中有少量液体和黏液，所以绞馅时无需加水。

3 蒸的时间可根据肉丸的大小及山药片的薄厚来调整。

香炒猪皮

| 烹饪时间：40分钟 | 烹饪难度：简单 | 适合做便当

用料 生猪皮350克 · 小葱3棵 · 尖椒半根 · 植物油适量 · 酱油、盐、料酒各少许 · 八角1颗 · 姜1块

做法
1 生猪皮洗净，入凉水锅中煮开5分钟捞出。稍凉凉，用利刀刮掉油脂。
2 猪皮另入温水锅中，加八角、姜片、料酒，盖盖焖煮至用筷子能轻松扎透。
3 猪皮用温水洗去黏液，切成筷子粗细的丝。小葱切段，尖椒切丝。
4 锅中倒适量油，撒少许小葱炝锅，放入肉皮丝翻炒变软，加盐、酱油，翻拌上色后倒入葱段、尖椒丝，炒匀出锅。

烹饪秘籍

1 猪皮煮几分钟后去皮下脂肪特别轻松。炖熟的猪皮清洗掉表面的黏液，炒起来不糊锅，口感也清爽。
2 小葱、辣椒可用干红辣椒、红辣椒、大葱、青蒜等食材代替，会有不同的风味。

弹牙肉皮冻

| 烹饪时间：40分钟 | 烹饪难度：简单

| 适合做便当凉菜

用料 猪肉皮1500克 · 八角3颗 · 花椒1撮 · 大葱半棵 · 姜1块 · 香叶2片 · 酱油适量 · 生抽少许 · 盐适量

做法
1 新鲜猪皮洗净，入凉水锅中煮5分钟，捞出凉到手温。
2 用刀切掉猪皮内侧肥肉，再切小块。与葱段、花椒、八角、姜片、香叶入锅中。
3 倒盐、酱油、生抽、水，水要没过肉皮3厘米左右。
4 用高压锅压20分钟。拣去固体调料，将肉皮和汤汁舀入保鲜盒中，稍凉凉后盖盖子，入冰箱冷藏至完全凝固。
5 将表面油脂刮掉不要，脱模切厚片，蘸葱姜蒜醋辣油汁同食，不油腻还添风味。

扫码看视频，轻松跟着做

烹饪秘籍

肉皮凉后会变硬变弹，所以要煮到用筷子一扎就透的程度。

猪肝口感软糯，切薄片爆炒是极佳的下饭菜。将猪肝片用清水反复清洗，油多一点儿、热一点儿，随着"刺啦"一声响，软软的猪肝立马变硬了。

用料

猪肝1块 · 红辣椒5根 · 青辣椒3根 · 植物油适量 · 酱油适量 · 盐适量 · 淀粉1茶匙 · 料酒少许

辣椒炒猪肝

丨 烹饪时间：**10分钟** 丨 烹饪难度：**简单** 丨 ⊞ **适合做便当**

做法

1 将猪肝和配料准备好。青红辣椒切圈。

2 猪肝切薄片，放凉水中，用手轻轻抓揉，沥干水，倒少许料酒、淀粉混匀，腌10分钟。

3 炒锅中倒少许油，油热后，将青红辣椒圈煸炒变色，盛出备用。

4 锅中再倒适量油，转大火，将猪肝倒入锅中，用铲子快速打散。

5 待猪肝大部分表面变色后，倒酱油调色。

6 青红辣椒回锅，撒盐，混合均匀即可出锅。

烹饪秘籍

1 猪肝受热后要回缩，所以尽可能切得薄一些。用凉水反复清洗抓揉几遍，可去除掉其中的毒素。

2 油温宜高不宜低，以使猪肝受热迅速收缩并成熟，口感鲜嫩。

3 辣椒可换成青蒜、黄瓜片等易熟且清香的蔬菜。

红焖猪蹄

百万点击量

| 烹饪时间：30分钟 | 烹饪难度：简单 | 适合做便当

扫码看视频，
轻松跟着做

我从小就爱啃猪蹄，尤其喜欢吃凉的，口感更加弹牙且耐人寻味。用高压锅真快，半个钟头软糯喷香的红焖猪蹄就做好了。先趁热吃几口解解馋，等全部凉后慢慢吃，是绝佳的休闲小吃和下酒菜。

用料

猪蹄2只 · 冰糖20克 · 大葱1段 · 姜1块 · 八角2颗 · 干红辣椒3个 · 盐2克 · 酱油1汤匙 · 红腐乳汁2汤匙 · 植物油少许

做法

1 猪蹄剁成小块，洗净。葱切段，姜切片。

2 猪蹄入温水锅中煮开，用漏勺从滚开的水面捞出，可避免浮沫沾在猪蹄表面。

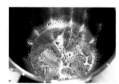

3 高压锅大火加热，倒少许植物油，把冰糖倒入油中，慢慢加热至呈淡琥珀色。

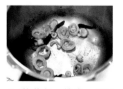

4 将葱段、姜片、干红辣椒、八角全部倒入糖液中，使葱姜上色。

5 依次倒入热水、酱油、红腐乳汁、盐，待汤沸腾后倒入猪蹄。盖上盖子焖炖20分钟。

6 高压锅放气后可直接捞出食用，也可以大火收汁，待汤汁挂在猪蹄表面再出锅。

烹饪秘籍

1 猪蹄剁小块利于入味，焯水能去除掉腥气。

2 红腐乳汁不是必需的，可以用少许老抽、蚝油上色增鲜。

3 冰糖可以炒糖色，也可以直接放汤里同炖。

剁成两半的鸡翅用妙招爆炒无油烟，滑嫩嫩、胀鼓鼓，看着像个小肉球。用时短，吃着入味，用春天的嫩姜炒，非常香。再配上红红绿绿的彩椒，想不吃都难。

嫩姜炒鸡翅

百万点击量

| 烹饪时间：15分钟 | 烹饪难度：简单 | ⊞ 适合做便当

用料

鸡翅中7个·鲜姜1块·青螺丝椒1个·红辣椒1个·大蒜4瓣·油少许·盐2克·生抽、蚝油各1汤匙

做法

1 鸡翅中洗净。用利刀一劈两半，下刀稳准狠，没有骨头渣。

2 嫩姜、青红辣椒洗净。嫩姜切薄片，青红辣椒去子、切块，大蒜切片。

3 热锅温油，鸡块、姜片入锅，中火翻炒至鸡块鼓起，鸡皮中的油脂渗出。

4 撒盐、倒生抽、蚝油调味、调色。

5 倒少许水增加湿度，促进成熟。

6 起锅前倒青红辣椒块和蒜片，混合均匀出锅。

烹饪秘籍

1 妙招就是鸡翅不焯水，和姜片同时煸炒，鸡汁和油脂被姜片吸收，没油烟，还少放油。

2 配料还可以放其他易熟、增味的食材，如青蒜、鲜香菇片等。

37

金针菇蒸鸡翅

| 烹饪时间: 15分钟 | 烹饪难度: 简单 | 适合做便当

用料 鸡翅中5个 · 金针菇1把 · 生抽20毫升 · 蚝油20毫升 · 黄酒10毫升 · 盐1克 · 姜1块 · 淀粉20克 · 香葱末、红辣椒丁各少许

做法
1 鸡翅纵切两半，与姜丝、生抽、蚝油、盐、黄酒同入碗中，腌15分钟。
2 金针菇切掉老根，分成小撮，铺在深盘里。
3 鸡翅中倒适量淀粉拌匀，使鸡翅都裹上淀粉。码在金针菇上，剩下的粉浆均匀淋在鸡翅上。
4 入凉水蒸锅中，中火上汽后蒸15分钟，出锅后撒香葱末、红辣椒丁增色添香。

 烹饪秘籍

1 鸡翅纵切两半，可增加入味面积，减少蒸制时间。
2 蒸时无须放水，金针菇会出汤，利用腌鸡翅的料汁充分调味。

番茄炒鸡柳

| 烹饪时间: 15分钟 | 烹饪难度: 简单 | 适合做便当

用料 鸡胸肉1块 · 番茄2个 · 小葱1根 · 油适量 · 盐少许 · 蚝油1汤匙 · 淀粉1茶匙

做法
1 鸡胸肉洗净。先切片，再切条，用少许淀粉、凉水抓匀上浆。
2 番茄切厚片，小葱切末。
3 热锅凉油，鸡柳入锅迅速划散。待肉表面变色后，倒葱末、蚝油、盐炒匀。
4 起锅前倒番茄片，略翻炒即可出锅。

烹饪秘籍

1 鸡肉很嫩，要顺着肉丝切条，入锅后不碎。
2 番茄不要炒太熟，入锅炒几下即可，既能保持形状和颜色，又能使少量汤汁挂在鸡柳表面。

这是一道经典的炖菜。蘑菇本来就自带鲜味，将鸡肉的浓香完全吸收后更是妙不可言。舀两汤匙浇在米饭上，简单就是人间至味。

小鸡炖蘑菇

| 烹饪时间：50分钟 | 烹饪难度：简单 | 适合做便当

用料

文昌鸡1只·蟹味菇500克·大葱半棵·大蒜1头·姜1块·八角1颗·干辣椒少许·盐适量·酱油20毫升·老抽1茶匙·油少许

做法

1 文昌鸡洗净，剪掉趾甲。蟹味菇剪掉根部，分成缕。

2 用利刀将鸡剁小块，下刀稳准狠，避免过多骨渣。葱切段、姜切片、蒜剥好。

3 炒锅中倒少许油，小火将姜片、大蒜、八角煸炒出香味。

4 将鸡块、葱段、干辣椒入锅，中火加热，不停翻炒，直到鸡皮收缩出油。

5 依次撒盐、倒酱油、老抽、热水，盖盖子，大火煮开后转小火，焖炖20分钟。

6 将蟹味菇入锅，盖盖，小火焖20分钟，即可出锅。

烹饪秘籍

1 用整鸡比用鸡腿味道更加鲜美，鸡肉不焯水，直接入锅煸炒出油，鸡皮紧致不油腻。

2 蘑菇可以用水发干蘑菇，也可以用口感脆嫩的蟹味菇、茶树菇等。

香辣鸡丁

百万点击量

| 烹饪时间：15分钟 | 烹饪难度：简单 | 适合做便当

鸡胸肉脂肪含量少，肉质细嫩，物美价廉，可与多种蔬菜搭配烹饪。这盘香辣鸡丁取材简单，进锅扒拉几下就出锅，绝对是"米饭杀手"。配菜一年四季可调整，总能吃出不一样的味道。

用料

鸡胸肉1块·胡萝卜1根·青椒1个·油适量·豆瓣辣酱1汤匙·生抽、盐、料酒各少许·玉米淀粉1汤匙

做法

1 鸡胸肉洗净，切2厘米见方的丁。加玉米淀粉、少许料酒抓匀。

2 胡萝卜刮皮，切小丁；青椒去蒂、去子，切小丁。

3 热锅温油，将胡萝卜丁煸炒1分钟。

4 将胡萝卜扒拉到一旁，鸡肉丁入锅，用铲子迅速划散。

5 待鸡肉丁略变色，与胡萝卜混合翻炒，待鸡肉完全变色后加豆瓣辣酱。

6 快速翻拌，加少许盐、生抽，倒青椒丁，翻炒20秒即可出锅。

烹饪秘籍

1 这道菜的点睛之笔是豆瓣辣酱，鲜咸微辣，因为咸，所以生抽和盐要少加。

2 青椒起锅前再加入，可保持清脆口感和翠绿颜色。

此菜经我改良后，既不会麻辣得让人找不着舌头，也不会让肚里翻江倒海睡不着觉。家宴或者待客好看又好吃，连骨头渣都倍儿有滋味。有它，米饭能多吃半碗，酒也能多喝一杯。

麻辣鸡块

| 烹饪时间：20分钟 | 烹饪难度：简单 | 🍱 适合做便当

用料

鸡大腿1只 · 干红辣椒1盘 · 麻椒1碟 · 芹菜茎2根 · 大蒜1头 · 姜1块 · 香菜1棵 · 植物油适量 · 盐适量 · 酱油少许

做法

1 鸡大腿1只，清洗干净。

2 用快刀将鸡大腿剁成3~4厘米的大块。

3 大蒜一切两半，姜切粗条，芹菜纵剖两条，再切段，香菜切段。

4 小锅中烧热油，将鸡腿块入锅中炸掉多余的水分，表面微焦时捞出控油。

5 另起一锅，小火，倒少许油，依次放麻椒、蒜、姜、干红辣椒煸炒出香味。

6 将鸡丁入锅中翻炒，加适量盐、酱油调色入味，起锅前将芹菜段、香菜段入锅中扒拉几下，变色出锅。

烹饪秘籍

1 鸡腿肉有弹性，剁小块直接入油锅中炸，无须放淀粉。想吃干香的就多炸一会儿，想吃有弹性的就少炸一会儿。

2 芹菜、香菜有增色添香、清口的作用，也可用青蒜、辣椒代替。

3 干红辣椒用水泡一下再炒，可去除燥气，想要这道菜更辣，可将部分干红辣椒掰碎，充分释放辣味。

41

白切鸡腿

| 烹饪时间：30分钟 | 烹饪难度：简单 | 适合做便当

白嫩的鸡腿煮熟后立马冲凉水，再浸泡在冷水中，皮弹牙而不腻。用蒜醋酱油汁浸泡之后，鸡肉吸足了味道，入口凉爽够味儿，再来一把木耳，真是一道开胃又解馋的凉菜！

用料

鸡大腿2个 · 干木耳30克 · 生抽50毫升 · 米醋40毫升 · 盐适量 · 香葱2棵 · 大蒜2瓣 · 小米辣1个 · 大葱半棵 · 姜1块

烹饪秘籍

1 鸡腿冲凉水时不要直接冲鸡皮，防止被冲破影响美观。

2 口味可以多变，比如将麻椒用油小火慢炸后泼在鸡腿上，就是椒麻鸡腿。泼上辣椒油就是红油香辣鸡腿。

3 生抽醋汁多一些，有料汁的浸泡，木耳和鸡腿才更好吃。

做法

1 鸡大腿洗净，木耳用凉水泡发，大葱切段，姜切块。

2 鸡大腿与葱段、姜块同入凉水锅中，中火煮开。水开后撇去浮沫，盖盖子，中小火焖煮20分钟。

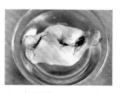

3 鸡腿捞出来冲凉水2分钟，浸泡在凉水中，食用前再捞出，如用冰水浸泡，鸡皮更加弹牙。

4 木耳煮熟捞出。香葱、大蒜切末，小米辣切细细的圈。

5 充分凉透的鸡腿抹去表面的水，用利刀剁成均匀的块，使每一块都有皮肉骨。

6 用生抽、米醋、盐调碗料汁，盐量随口味加。

7 木耳垫底，摆好鸡腿，撒葱、蒜末、辣椒末，淋料汁，冷藏后食用口感更佳。

鸡心当属鸡身上最有嚼劲的一块肉，平时多用来卤炖或烤着吃。将鸡心切块，与应季的青蒜、辣椒、香芹等菜爆炒，又嫩又香又有嚼劲，是老少皆宜的下酒下饭菜。

爆炒鸡心

百万点击量

| 烹饪时间：10分钟 | 烹饪难度：简单 | 🍱 适合做便当

用料

鸡心1盘 · 青蒜3棵 · 红辣椒2个 · 油适量 · 酱油适量 · 生抽少许 · 料酒少许 · 盐少许

做法

1 将鸡心外的护心油撕掉，冲洗干净。

2 将鸡心纵切两半，再分别纵切一刀，一颗鸡心分成4份，将污血去掉，切完后用清水冲洗两遍。

3 青蒜切小段，红辣椒切小圈。

烹饪秘籍

1 鸡心血管中会存有鸡血残余，切开鸡心后要去掉污血，再用流动水冲洗两遍。

2 这道菜需要旺火热油爆炒，油量可比平时炒菜的量多一点点，这样可确保鸡心受热均匀，口感不老。

4 炒锅中倒适量油，油温即将要冒烟时，将鸡心迅速入锅翻炒至变色。

5 依次加入料酒、酱油、生抽、盐调味、调色，再将红辣椒圈入锅中。

6 不停翻炒20秒，起锅前倒入青蒜段，翻炒均匀即可出锅。

啤酒鸭块

I 烹饪时间：40分钟 I 烹饪难度：简单 I ⊞ 适合做便当

用料 鸭腿3只·啤酒1听·冰糖6颗·大葱1段·大八角1颗·姜1块·盐适量·酱油适量

做法
1 大葱切段，姜切片。鸭腿洗净，斩小块，用清水冲洗掉骨渣儿。
2 铁锅加热，不放油，直接将鸭块入锅，小火煸炒出皮下油脂。
3 依次加入酱油、盐、葱段、姜片、八角，翻拌均匀。
4 将一听啤酒全部倒入锅中，可适量加水，放入冰糖，盖上盖子，小火慢炖，至肉烂汤浓时即可出锅。

烹饪秘籍

1 鸭皮含有油脂，小火将油脂煸炒出来，鸭皮吃着不腻。
2 啤酒用原味清爽型的，可全部用啤酒，也可加适量清水同炖。

用料 豆腐1盒·鸭血1盒·淀粉1汤匙·蚝油适量·盐少许·香葱末少许

做法
1 豆腐、鸭血分别切2厘米见方的块。将淀粉、盐、蚝油、少许凉水混合成芡汁。
2 锅中倒水煮开，将豆腐焯烫2分钟出锅。再将鸭血焯煮2分钟去腥气。
3 另起锅，倒一碗水烧开，将豆腐、鸭血同入汤中。
4 煮开后将芡汁重新混合均匀，淋入锅中，待芡汁变浓稠且透明后，出锅，撒香葱末即可。

烹饪秘籍

1 豆腐宜用结实又滑嫩的韧豆腐，不宜用内酯豆腐和玉子豆腐。
2 豆腐焯水去豆腥味，还能让豆腐更结实。鸭血焯水可去腥、去杂质。
3 蚝油是点睛之笔，不能省，也可用鸡粉代替。

双色豆腐

I 烹饪时间：10分钟 I 烹饪难度：简单

I ⊞ 适合做便当

买一条3斤多重的草鱼，自己在家做酸菜鱼，满满一大锅。洁白的鱼片，脆嫩的酸菜，开胃的热汤，没有餐厅里的那么辣，热乎乎的，吃着可过瘾了。

酸菜鱼

烹饪时间：40分钟 | **烹饪难度：简单**

| 适合做便当

扫码看视频，
轻松跟着做

用料

草鱼1条（约1500克）·青酸菜1棵·小米辣4个·干红辣椒数个·植物油少许·大葱1段·姜1块·盐适量·白胡椒粉5克·玉米淀粉20克·香葱1棵

做法

1 草鱼处理净。鱼身两侧、鱼头下方1厘米、尾部往上5厘米处各割一刀，轻拍鱼身，揪出鱼腥线。

2 两侧鱼肉贴着鱼脊骨用利刀片下来，鱼皮朝下，第一刀切到鱼皮处不切断，第二刀切断，打开后呈书页状。

3 切好的鱼肉用凉水洗3遍，放玉米淀粉抓匀。

4 鱼头剖开两半，去掉鱼牙，鱼骨切大块，洗两遍。小米辣切段、大葱切段、姜切片、香葱切末。

5 青酸菜用凉水冲洗一遍，切粗条。

6 炒锅中倒入少许油，将鱼头、鱼尾、鱼骨入锅中煸炒微焦，依次倒入葱段、姜片、小米辣、酸菜、盐、白胡椒粉翻炒，倒适量水烧开。

7 水开后换锅端上桌，将鱼片展开分别放入汤中。另起一锅倒适量油，将干辣椒小火炸出香味，将热辣椒油泼在鱼片上，撒香葱末即可食用。

烹饪秘籍

1 草鱼要去掉鱼腥线和鱼牙，腥味就没有那么重了。
2 酸菜要充分炒制和煮熟才能释放出酸味。

油炸小黄鱼

| 烹饪时间：20分钟 | 烹饪难度：简单 | 适合做便当

用料　小黄鱼7条·鸡蛋1个·面粉、玉米淀粉各2茶匙·盐、黑胡椒粉各2克·植物油适量·生菜叶适量

做法

1 小黄鱼收拾干净。鸡蛋、面粉、玉米淀粉、盐、黑胡椒粉、适量凉水同入大碗中，水量可逐量加，至舀起面糊能缓慢流下来。

2 锅中倒油，中火加热，可滴少许面糊入锅，能迅速漂起来油温就够了。

3 将小黄鱼裹满面糊。入油锅，转中小火，不时推动并将小黄鱼翻身，炸至两面金黄后捞出。

4 油锅中火加热升温，将炸好的小黄鱼重新入油锅中，炸十几秒捞出，表皮更加焦黄酥香。放入铺有生菜叶的盘中即可。

 烹饪秘籍

1 鸡蛋面糊中加面粉能充分裹住光滑的鱼身，加淀粉可使表皮酥脆。

2 小鱼复炸一遍后，表皮颜色更加诱人，口感更加酥脆。

用料　鲳鱼1条·大葱1段·大蒜1头·姜1块·料酒少许·酱油、植物油各2汤匙·盐、香葱末各少许

做法

1 鲳鱼收拾干净，两面切花刀，并拍打上少许淀粉。

2 锅中放油烧热，转动锅子使油布满锅内。

3 将鲳鱼入锅中，中小火加热3分钟左右。底面定形微焦后，将鱼翻身煎另一面。

4 将葱段、姜片、大蒜倒入锅中，沿锅边倒少许料酒、酱油、1碗热水，加少许盐。

5 盖盖，小火焖炖15分钟。起锅前收汁，装盘，淋少许锅汁，撒香葱末即可。

 烹饪秘籍

1 鲳鱼的鳞很细小，湿润的时候容易刮掉。因为肉厚，打花刀易入味并缩短烹饪时间。

2 煎皮时油温要高，鱼身要擦干水分，才不会溅油。鱼入油锅后不要翻动，听到滋滋的油声且轻晃锅子时鱼能动起来，再煎另一面。

红烧鲳鱼

| 烹饪时间：30分钟 | 烹饪难度：简单

| 适合做便当

鲫鱼肉质鲜嫩，但刺略多，适合慢慢品味。将大鲫鱼两面煎黄定形，再小火慢炖一会儿，裹着浓汁的鱼更加鲜美。蒜末和豆瓣酱为这条鱼增色不少，尤其浓汤泡饭，够味儿。

干烧鲫鱼

| 烹饪时间：30分钟 | 烹饪难度：简单 | 🍱 适合做便当

用料

大鲫鱼1条 · 青辣椒1个 · 豆瓣辣酱1汤匙 · 小葱2棵 · 大蒜4瓣 · 姜1块 · 花椒1撮 · 酱油少许 · 油适量

做法

1 鲫鱼刮鳞、去内脏、去鳃、去腹内的黑膜，洗净后用厨房纸擦干。

2 小葱切末，青辣椒切圈，姜切末，大蒜剁碎。

3 不粘锅中倒适量油，油温六七成热时，拎着鱼尾巴将鲫鱼入锅中，中小火煎3分钟左右，底部定形后翻身煎。煎好后出锅备用。

烹饪秘籍

1 鲫鱼肉嫩味鲜，但刺多，所以宜用300克以上的大鲫鱼烹制。
2 辣酱咸味很重，可以不放盐。

4 锅中留底油，将姜末、蒜末、花椒小火煸香，倒豆瓣辣酱炒出红油，倒少许酱油、1碗热水。将鱼滑入锅中，盖盖，中小火焖炖10分钟。

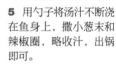

5 用勺子将汤汁不断浇在鱼身上，撒小葱末和辣椒圈，略收汁，出锅即可。

干炸带鱼

| 烹饪时间：30分钟 | 烹饪难度：简单 | ⊞ 适合做便当

干炸带鱼比红烧带鱼更省事，不到30分钟就能吃上。外皮酥脆，鱼肉香嫩，肚皮部位的小软刺嚼吧嚼吧就能咽。即使当一道开胃小菜也挺解馋过瘾的。

用料

带鱼段1盘· 玉米淀粉适量· 姜1块· 盐3克· 料酒2汤匙· 白胡椒粉2克· 孜然粉、辣椒粉各适量· 植物油适量

做法

1 带鱼段剪掉鳍，去除腹内黑膜，身上的银鳞不需刻意刮。姜切末。

2 带鱼入大碗中，加入姜末、盐、白胡椒粉、料酒，拌匀腌10分钟。

3 盘中倒适量玉米淀粉，将带鱼段两面裹上淀粉，另放一盘单独码放。

4 小锅中倒适量油，中火加热，取几粒姜末扔入油中，能迅速浮起来说明油温合适。

5 将带鱼段分次分块放入油锅中，定形后轻轻翻动，至表面微黄夹出。

6 全部炸好后，油锅重新加热30秒，将鱼段入油锅中复炸15秒，捞出后金黄酥香，撒孜然粉、辣椒粉食用。

烹饪秘籍

1 带鱼要选用国产的窄带鱼，肉嫩易入味。复炸后带鱼表皮更加酥脆。
2 用玉米淀粉炸的带鱼表皮是酥脆的。用普通面粉炸的带鱼表皮是酥软的。也可以将两种粉混合使用。

红烧鱼鳔不是想吃就能立马吃上的。一条鱼只有一个鱼鳔，能买上还得看运气。它既有肥肠的滑，又有毛肚的脆，带着浓香的鱼味却不见鱼，放辣椒同炒，香气四溢，恨不得立马吃上。

红烧鱼鳔

▍烹饪时间：20分钟 ▍ 烹饪难度：简单 ▍ 🍱 适合做便当

用料

鲤鱼鱼鳔400克·小米辣4个·干红辣椒3个·青蒜2棵·姜1块·油适量·酱油、生抽各少许·料酒适量·盐1茶匙·白糖1茶匙

做法

1 把鱼鳔表面血管中的血液挤出，洗净。青蒜切段，姜切片，小米辣切圈。

2 用剪刀将鱼鳔剪小口，排净空气。

3 炒锅倒油，七八成热时依次放入姜片、小米辣圈、干红辣椒段煸炒。

烹饪秘籍

1 焖5分钟可以充分入味，鱼鳔口感脆嫩，想要软糯滑嫩的口感，可多焖一会儿。

2 鱼鳔有腥气，所以要放辣椒、青蒜等味重的食材压一下。

4 鱼鳔入锅，沿锅边倒料酒，迅速翻炒。

5 依次倒酱油、盐、白糖、半碗水，盖盖子，中小火焖5分钟。

6 起锅前淋生抽，撒青蒜，翻炒均匀即可出锅。

牡丹虾球

Ⅰ 烹饪时间：20分钟 Ⅰ 烹饪难度：简单

牡丹虾球，漂亮又大气，低脂少油盐，不给肠胃增负担。
主要材料只有3种——玉子豆腐、大虾、粉丝，用量不多，
但因为有了豆腐花刀和大虾穿插其中，整盘菜看上去鲜艳、
明快，宛如盛开的牡丹花一般动人。

扫码看视频，
轻松跟着做

用料　玉子豆腐2条 · 大虾6只 · 绿豆粉丝1把 · 剁椒2汤匙 · 白胡椒粉1克 · 盐1克 · 淀粉1茶匙 · 大蒜5瓣 · 姜1块 · 香葱2棵 · 油少许 · 生抽少许

做法

1 材料准备好：大虾清洗干净，粉丝用凉水泡软。

2 大虾去头、剥壳、留尾，用刀尖从后背划开，头尾处不划断，头部从腹部穿向背部，成一个结，放少许淀粉、盐、白胡椒粉，抓匀。

3 粉丝剪短，铺在深盘里。大蒜、姜、香葱切末。

4 将玉子豆腐的包装从1/3处切开，挤出豆腐，去掉头尾不规则部分，分3等份。

5 把玉子豆腐放在两根筷子之间，切网格花刀，底部不切断。

6 用刀面托玉子豆腐码放在粉丝上，调整花形，在豆腐之间摆放大虾，虾尾朝外。

7 小锅中倒少许油，将葱姜蒜末、剁椒炒出香味，倒1杯清水煮开，淋少许生抽。

8 煮好的料汁从虾头位置倒入盘中，入蒸锅蒸10分钟，出锅后撒香葱末即可。

 烹饪秘籍

1 玉子豆腐颜色鲜艳，与成熟后的虾组合，视觉效果非常好；如果换成内酯豆腐，在颜色上会逊色一些。
2 这道菜是蒸菜，有了蒜末、剁椒的加入，整盘菜不寡淡，出锅后也无须泼热油。

香蒸粉丝虾

| 烹饪时间：15分钟 | 烹饪难度：简单 | 🍱 适合做便当

扫码看视频，
轻松跟着做

用料 白虾1盘 · 绿豆粉丝2小捆 · 蒸鱼豉油适量 · 红辣椒1根 · 香葱3棵 · 植物油20毫升

做法
1 粉丝用凉水泡软。大虾洗净，剪掉虾须、虾枪，挑去虾线。
2 粉丝剪短，铺在深盘里。将大虾摆放在粉丝上，淋少许凉水以增加粉丝柔软度。
3 入蒸箱蒸15分钟，如用蒸锅需12分钟。辣椒切丁，香葱切末。
4 出锅后撒辣椒丁、香葱末，淋蒸鱼豉油，再泼上热油即可。

 烹饪秘籍

1 绿豆粉丝口感筋道，吸水性强，淋少许凉水再蒸，可使粉丝变软，也利于均匀吸收蒸鱼豉油。
2 香葱末可换成大蒜末，一半炒香与粉丝虾同蒸，一半出锅后铺撒再油泼，蒜香浓郁，又是一道新菜。视频中也有新做法可参考。

虾茸丝瓜盅

| 烹饪时间：20分钟 | 烹饪难度：简单

| 🍱 适合做便当

用料 鲜虾16只 · 肥猪肉30克 · 丝瓜1根 · 鸡蛋清1个 · 姜丝、葱丝各少许 · 盐、白胡椒粉各2克 · 蒸鱼豉油适量

做法
1 虾洗净，剥壳、去虾线，虾尾留下几个。肥猪肉切小丁。姜和葱切丝，用少许凉水浸泡。
2 丝瓜刮掉外皮，切成等高的小段，中间用茶匙挖个坑。
3 虾肉、肥肉、鸡蛋清、白胡椒粉、盐、葱姜水用料理机打成泥，填入丝瓜，表面用勺子背整理成圆形，再插入虾尾做装饰。
4 将虾茸丝瓜盅放在蒸锅里，大火上汽后蒸5分钟出锅，淋少许蒸鱼豉油即可上桌。

烹饪秘籍

1 加肥肉可使口感香润，鸡蛋清起到顺滑和黏合作用，葱姜水不宜太多，否则虾泥不成型。
2 想要虾肉和丝瓜黏合无缝，可在丝瓜坑里撒少许淀粉。

橙色的胡萝卜片垫底起固定作用，中间的玉子豆腐明艳滑嫩，顶部的虾球粉红可爱，少许香葱末增加了灵动感。这盘菜低脂无油少盐，香嫩滑爽，漂亮又养眼。

蒸虾仁玉子豆腐

| 烹饪时间：15分钟 | 烹饪难度：简单

用料

虾10只 · 玉子豆腐2条 · 胡萝卜半根 · 香葱末少许 · 盐、白胡椒粉各0.5克 · 蒸鱼豉油适量

做法

1 大虾洗净，去头、去尾、去壳，挑去虾线。虾仁用白胡椒粉和盐抓匀，腌5分钟。

2 胡萝卜洗净、刮皮，切厚约2毫米的圆片。

3 玉子豆腐切成厚约2厘米的段。

4 准备一张平盘，从底向上依次放胡萝卜、玉子豆腐、虾仁，入蒸锅，大火蒸5分钟。

5 出锅后将蒸鱼豉油滴在虾仁上，再点缀许香葱末即可。

烹饪秘籍

1 胡萝卜尽量选择粗细差不多的，或者用刻模刻出一样大小的薄片。
2 虾仁和玉子豆腐易熟，蒸的时间不宜太长，防止虾仁失去鲜嫩弹牙的口感。
3 蒸鱼豉油可用生抽代替，少许即可。

番茄豆腐烩虾仁

百万点击量

| 烹饪时间：20分钟 | 烹饪难度：简单

红艳艳的番茄浓汤，洁白细嫩的豆腐块，光看就让人食欲大增。再加几个虾仁，营养和味道更加丰富。多放些水熬出浓稠的番茄汁，这一盆汤菜热乎乎，连汤都不用额外做。

用料

虾1碗·番茄3个·豆腐1块·香葱3棵·姜1块·植物油少许·盐适量

做法

1 大虾洗净。剥壳去头、去虾线，留下尾巴硬壳。

2 豆腐切小块，番茄切丁。香葱切末，姜切丝。

3 炒锅中倒少许油，将一半姜丝煸炒出香味，再将番茄倒入锅中，翻炒出汤。

4 倒2碗水，将剩下的姜丝入汤中。

5 中火烧开后下豆腐煮2分钟。

6 待豆腐体积膨胀后，将虾仁倒入汤中，撒盐，虾仁变色即关火，撒香葱末即可。

烹饪秘籍

1 番茄用量多一些，汤汁浓稠才有滋味。
2 最好用带壳的鲜虾，虽然剥壳稍费时间，但比现成的虾仁口感和味道更好，留着小尾巴好看些。

花蛤有"最便宜的小海鲜"之称，几块钱就能炒一大锅，特别适合减肥和消暑时食用。裹着酱汁的蛤肉微甜、微咸、微辣，边吃边咂摸滋味，不知不觉眼前已经摆了一堆贝壳。

用料

花蛤500克·青螺丝椒1根·红辣椒1根·韭菜1撮·香菜4棵·豆瓣辣酱1汤匙·黄酒、植物油各适量·姜1块·大蒜4瓣

爆炒花蛤

I 烹饪时间：10分钟 I 烹饪难度：简单 I 🍱 适合做便当

做法

1 花蛤用凉水轻轻搓洗两遍，在凉水中放少许盐和几滴香油，让花蛤浸泡数小时吐沙。

2 韭菜、香菜切段，青红辣椒纵剖两片，去子，分别切丝。鲜姜切末，大蒜切末。

3 将花蛤入开水锅中，煮到全部张嘴后捞出。

烹饪秘籍

1 花蛤可以选购无沙的，省时省事，口感也好。
2 焯花蛤的汤非常鲜美，富含营养，可煮汤、煮面、煮粥或者直接饮用。

4 热锅凉油，先将豆瓣辣酱小火炒出红油，再将姜末、蒜末倒入锅中煸炒出香味。

5 青红辣椒与花蛤同时入锅翻炒，豆瓣酱很咸，无须加盐，淋少许黄酒和焯烫花蛤的汤，炒匀。

6 出锅前撒韭菜段和香菜段即可。

凉拌蛏子金针菇

| 烹饪时间：20分钟 | 烹饪难度：简单 | ⊞ 适合做便当

这道快手爽口的凉拌菜看着就喜庆，红绿黄白好不热闹。做法简单，味道鲜美，蛏子的鲜和金针菇的脆，吃一口停不下嘴。这菜很适合炎热的夏天，用时短，开胃，适合男女老少。

用料

蛏子500克·金针菇300克·红甜椒半根·大蒜5瓣·香葱2棵·蒸鱼豉油40毫升·植物油1汤匙·盐少许

做法

1 蛏子刷洗净外壳，泡淡盐水中静置数小时吐沙。金针菇洗净，切掉老根，分小撮。

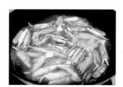

2 蛏子入开水锅中，中火煮到张嘴，保持沸腾状态2分钟，捞出、凉凉。

3 另起一锅，水开后放少许盐，放入金针菇煮2分钟，捞出后过凉水。

烹饪秘籍

1 蛏子一定要煮熟后再吃，去掉内脏食用更放心。
2 金针菇焯水后再过凉水，可保持脆嫩口感。

4 将金针菇摆盘；蛏子剥壳，去掉黑色裙边，码放在金针菇上。

5 香葱切末，红甜椒切碎丁，大蒜拍碎、切末。

6 将葱蒜末、红甜椒丁撒在盘子顶部，泼上热油，再淋上适量蒸鱼豉油即可。

17岁时在杭州吃到人生中第一顿茭白，此后便爱上它了。春天的茭白好嫩，用油简单地焖一下，茭白块带着红润的焦边，咸中带着微甜，香嫩嫩的吃不够哇！

用料

茭白4根·植物油适量·蚝油少许·白糖1汤匙·盐少许·香葱末少许

油焖茭白

| 烹饪时间：15分钟 | 烹饪难度：简单

| 🍱 适合做便当

做法

1 茭白剥掉外衣，削掉老根，清洗干净。

2 将茭白切成细长的滚刀块。

3 炒锅中倒油，烧至六七成热时将茭白倒入锅中不停翻炒，使每一块都裹满油脂。

烹饪秘籍

1 油要比平时炒菜的油量多一些，小火焖出油润又不干的焦黄外衣。

2 先放糖翻拌均匀，使茭白块有一层糖衣，再撒盐、倒蚝油，增添咸鲜味。

4 转中小火，盖盖子焖30秒，翻一次身，再盖盖子焖30秒，使茭白表面微微焦黄。

5 依次加入白糖、盐翻拌，淋少许蚝油。

6 翻拌均匀后装盘，撒香葱末增色添香。

韭菜豆芽炒粉丝

| 烹饪时间：15分钟 | 烹饪难度：简单 | 适合做便当

用料

绿豆芽1小盘、绿豆粉丝2小捆、韭菜1把·植物油、酱油、生抽、盐各少许

做法

1 绿豆粉丝用凉水泡软，剪成10厘米的段。韭菜洗净，切段。豆芽择洗净。
2 热锅热油，豆芽入锅炒软，粉丝入锅，快速混合。
3 倒酱油、生抽、盐翻拌。
4 起锅前撒韭菜段，翻炒几下即可出锅。

 烹饪秘籍

1 豆芽不焯水，直接入锅炒软。
2 韭菜易熟，起锅前入锅，翻炒几下即可，不要等完全熟了再出锅。

用料

丝瓜2根·油条2根·油少许·盐适量·蚝油少许·姜丝、香葱末各少许

做法

1 丝瓜皮用刀刃刮掉，不要用削皮刀，否则会造成瓜皮和瓜肉的损耗。
2 丝瓜切成滚刀块。油条切成2厘米宽的小段。
3 炒锅中倒少许油，用姜丝炝锅，放入丝瓜煸炒变软，撒盐，倒入1碗热水。
4 待丝瓜七成熟时，倒少许蚝油调鲜，倒入油条，关火，混合均匀，出锅后撒香葱末即可。

丝瓜炒油条

| 烹饪时间：10分钟 | 烹饪难度：简单

| 适合做便当

烹饪秘籍

1 丝瓜不宜过早切，以防止切面氧化变黑。
2 油条切段后可用油煎炸片刻，口感更加酥脆。油条入锅后翻拌几下即出锅。

58

花生芽比黄豆芽还要粗一些，口感也更脆，烹饪的时间也要长一些。和几样蔬菜素炒一盘，细品，那脆嫩微甜的口感竟然有着牛奶般的醇香。

用料　花生芽250克·青蒜3棵·胡萝卜半根·油适量·酱油、蚝油各少许·盐少许

素炒花生芽

百万点击量

| 烹饪时间：15分钟 | 烹饪难度：简单 | 🍱 适合做便当

做法

1 花生芽去掉根部，清洗干净。

2 将花生芽去掉顶部红衣，切段。

3 青蒜、胡萝卜洗净。青蒜斜切段，胡萝卜切细丝。

烹饪秘籍

1 花生头和花生茎粗壮而有点儿硬，需要放水焖炒或者不时淋水，翻炒至变软。
2 青蒜起到画龙点睛的效果，也可用韭菜、小葱等代替。

4 热锅温油，将花生芽和胡萝卜丝入锅中翻炒，加少许盐，倒半杯水，盖盖子小火焖3分钟。

5 待汤汁收干，淋少许酱油、蚝油，将青蒜入锅中翻拌均匀，装盘即可。

蒸剁椒粉丝娃娃菜

| 烹饪时间：15分钟 | 烹饪难度：简单

扫码看视频，
轻松跟着做

用料 娃娃菜2棵 · 粉丝2小捆 · 剁椒3汤匙 · 香葱1棵 · 植物油20毫升

做法
1 绿豆粉丝用凉水泡软，剪短，铺在深盘里。香葱切末。
2 娃娃菜洗净，纵切两半，每半再切分成三四块，根部保留，使每片叶子都能相连。
3 将娃娃菜入开水中焯烫10秒钟捞出。
4 将娃娃菜码放在粉丝上面，再根据口味铺上适量剁椒，入蒸锅蒸10分钟。
5 出锅后撒少许香葱末，泼上热油即可。

烹饪秘籍

1 娃娃菜焯水可缩短蒸的时间，菜软而且汁水丰富，更突出其清甜的口感，也能让粉丝吸汤变柔软。
2 剁椒比较咸，所以不要再额外放盐，最后的泼热油是点睛之笔，能激发出香葱和剁椒的香味。

用料 大番茄2个 · 大土豆1个 · 葱花少许 · 盐少许 · 蚝油6毫升 · 油少许 · 香葱末少许

做法
1 番茄洗净，切块。土豆洗净，削皮。
2 炒锅中倒少许油，用葱花炝锅，将番茄翻炒出浓汤。
3 加一碗水煮开，煮3分钟，使汤汁更浓稠。
4 将土豆用擦片器擦成薄片，均匀撒在锅里，大火煮开至变透明状，撒盐、倒蚝油、撒香葱末，混匀即可出锅。

烹饪秘籍

1 番茄选用成熟度高、肉厚、汁水酸甜且多的。
2 土豆用擦片器擦，又快又薄，直接入锅煮开即熟。

番茄土豆片

| 烹饪时间：15分钟 | 烹饪难度：简单

| 🍱 适合做便当

一块豆腐和几个咸蛋黄碰撞出蟹黄豆腐的滋味。嫩弹的豆腐，浓香的金汤，简单食材巧搭配，却带来别具一格的美味。

咸蛋黄豆腐羹

烹饪时间：10分钟　|　烹饪难度：简单　|　⊞ 适合做便当

用料

豆腐1块 · 咸蛋黄8个 · 油少许 · 盐少许 · 香葱末少许

做法

1 生的咸蛋黄入蒸锅，大火上汽后蒸10分钟。

2 将咸蛋黄用茶匙碾碎，越碎越好。

3 豆腐切成2厘米见方的小块。

4 豆腐入开水锅中焯1分钟，捞出沥水。

5 炒锅中倒少许油，油温六七成热时，将咸蛋黄碎入锅中，小火煸炒至冒泡。

6 倒入适量热水，煮开后放入豆腐煮1分钟，撒盐，装盘后撒香葱末增色添香。

烹饪秘籍

1 豆腐有盐卤、石膏、内酯制作的，宜用石膏豆腐做这道菜，结实不易碎，口感嫩弹无异味。

2 咸蛋黄有真空包装的，多用来做蛋黄酥，蒸熟碾碎使用，汤浓味鲜且不腥。

凉拌芥末西葫芦

扫码看视频，轻松跟着做

百万点击量

I 烹饪时间：10分钟 I 烹饪难度：简单

用料 西葫芦1个 · 小米辣1个 · 粗粒黄芥末酱1汤匙 · 醋适量 · 生抽适量 · 盐少许

做法
1 西葫芦洗净，用擦丝器擦出长长的粗丝。小米辣切圈。
2 将粗粒芥末酱、盐、生抽、醋混合均匀。
3 先将零散的西葫芦丝铺在深盘底部，再把整齐漂亮的盘在上面。
4 淋上料汁，撒上小米辣圈、现吃现拌。

烹饪秘籍

1 用擦丝器方便快捷，成品漂亮。
2 没有芥末沙拉酱，可用生抽、醋、盐、白糖、青芥末酱来调拌料汁。
3 西葫芦丝不焯水，不要提前拌，吃的时候再拌或者从底部夹取，可保持全程脆嫩。

用料 金针菇1把 · 小米辣4个 · 香葱2棵 · 香菜1棵 · 生抽、米醋各适量 · 香油少许 · 辣椒油2汤匙

做法
1 金针菇去根，洗净；小米辣、香葱、香菜洗净。
2 金针菇分小撮，入开水中焯烫1分钟，稍凉凉，摆盘。
3 小米辣切圈，香葱、香菜切小段，与生抽、米醋、香油调匀成碗汁。
4 将碗汁淋在金针菇上，再舀2汤匙辣椒油拌匀即可。

凉拌开胃金针菇

百万点击量

I 烹饪时间：15分钟 I 烹饪难度：简单

烹饪秘籍

1 金针菇分成一缕缕，省事又有口感。
2 碗汁用料可随口味调整。生抽有咸味，所以无须加盐。

每年青红辣椒上市时，我都要做几斤油泼辣椒酱，尤其加了大蒜和姜末后，这味道清香独特又勾人食欲，佐粥、拌面，或者蒸菜放两勺也特香，夹在饼里或者浇在米饭上，狼吞虎咽般吃下了肚。

响油辣椒酱

| 烹饪时间：30分钟 | 烹饪难度：简单 | 适合做便当

扫码看视频，轻松跟着做

用料

红辣椒300克 · 青辣椒150克 · 大蒜200克 · 鲜姜120克 · 盐20克 · 菜籽油100毫升 · 花椒1撮 · 干红辣椒2个 · 桂皮1块 · 大葱1段 · 香叶4片

做法

1 青红辣椒洗净、沥干，大蒜剥皮、鲜姜洗净、切片。

2 青红辣椒分别切段，与蒜瓣、姜片同入料理机中。

3 将材料打成大颗粒状。

4 打好的辣椒碎入大碗中，多撒些盐，充分混合均匀。

5 菜籽油和花椒、桂皮、干红辣椒、香叶、大葱段同入小锅，小火炸出香味。

6 去掉油中的香料，将热油泼在辣椒碎上，趁热拌匀，凉后装瓶，冰箱冷藏保存。

烹饪秘籍

1 青红辣椒选用水分少的羊角椒，肉质厚且硬，二者比例不固定。
2 盐要多放，可长时间保存不变质。油也不能少，可起到增香和隔绝空气的作用。
3 冰箱冷藏保存，用净勺挖取。

香卤豆腐

烹饪时间：20分钟 ┃ **烹饪难度：简单** ┃ 🍱 **适合做便当**

用料 韧豆腐2块·植物油适量·酱油30毫升·生抽20毫升·蚝油20毫升·盐4克·八角2颗·花椒1撮·干红辣椒5个·香叶2片·草果、白蔻各3个

做法
1 豆腐切1厘米厚的大片。
2 平底煎锅中倒适量油，将豆腐两面煎金黄，形成一层硬皮。
3 全部调料入小锅中，加适量水，大火煮开。
4 将煎好的豆腐入调料锅中，中小火煮10分钟，关火，浸泡在汤里30分钟，如能冷藏过夜味道更浓。

 烹饪秘籍

1 豆腐煎到金黄才能形成硬皮，卤时不碎，还能使贴近表皮的豆腐因失水而形成很多空洞，更利于吸收卤水，吃的时候口感外酥内软，汁水丰盈。
2 卤水使用后可冷藏保存，下次再添加新的卤料，这样就成为了老汤。
3 卤豆腐时还可以同时卤鸡蛋、卤肉、卤海带等。

用料 水发木耳1碗·小葱3棵·大蒜3瓣·小米辣2个·辣椒油、醋、生抽各适量·盐、白糖各少许

做法
1 将水发木耳入开水锅中焯煮2分钟，捞出后过凉水。
2 小葱切末、大蒜剁碎，小米辣切小圈。
3 将辣椒油、醋、生抽、盐、白糖调成料汁。
4 将葱蒜末、辣椒圈与木耳同入大碗中，淋上料汁，拌匀即可。

凉拌酸辣木耳

扫码看视频，轻松跟着做

烹饪时间：20分钟 ┃ **烹饪难度：简单**

┃ 🍱 **适合做便当**

 烹饪秘籍

1 木耳选择朵小均匀的碗耳，肉质厚，口感脆嫩。
2 料汁的用量随口味调整，可放冰箱多浸泡一会儿，口感更爽脆。
3 可加黄瓜片、胡萝卜片等颜色鲜艳、口感嫩的蔬菜同拌。

CHAPTER **2**

饭菜一锅的花样主食，

轻松一餐

紫糯米油条饭团

| 烹饪时间：40分钟 | 烹饪难度：简单 | ⊞ 适合做便当

扫码看视频，
轻松跟着做

粢饭团是江浙一带的早餐小吃，白糯米裹着油条、咸菜，好吃又扛饿。我把糯米换成了紫糯米，又加了点生菜叶和午餐肉，色香味俱佳，当早餐或者午餐都很方便。

用料　紫糯米1碗 · 大米1碗 · 安心油条粉200克 · 午餐肉适量 · 生菜叶适量 · 肉松适量 · 咸菜
少许 · 植物油适量

做法

1 紫糯米和普通大米按1：1
的比例，用清水淘洗2遍，入
电饭煲焖熟。

2 200克安心油条粉加140
毫升室温凉水，用筷子搅拌成
团，盖盖子，醒20分钟。

3 操作台上抹少许植物油，
将面团捋长条，切小块。

4 两个面块摞一起，用刮板
纵向按压一下。

5 铁锅中倒适量油，将面团
炸成蓬松的油条。

6 午餐肉切粗条。生菜叶洗净。

7 寿司帘上铺保鲜膜，薄薄
铺一层紫糯米饭，依次码放生
菜叶、油条、午餐肉、肉松、
咸菜。

8 卷成卷，保鲜膜两边拧紧。

9 用利刀把饭卷拦腰一切，
吃的时候撕开保鲜膜即可。

 烹饪秘籍

1　裹入糯米饭团中的材料不限于这些，煎蛋、肉丝、黄瓜条、鱼肉等均可。

2　糯米饭易粘勺子，舀饭前或者操作时蘸一下凉开水就好操作了。

3　油条也可以用现成的。

香菇酱蛋炒饭

百万点击量

| 烹饪时间：15分钟 | 烹饪难度：简单 | ⊞ 适合做便当

以经典的蛋炒饭为基底，加入各种调味酱，别有一番风味。蛋香、米香、酱香、菜香，每一口都充满着惊喜。

用料

剩米饭1碗 · 鸡蛋2个 · 小黄瓜1条 · 胡萝卜半根 · 香菇酱适量 · 植物油适量 · 盐少许

做法

1 黄瓜、胡萝卜洗净、切小丁。鸡蛋打散。

2 炒锅加热，倒适量油，油温五六成热时，将鸡蛋液倒入锅中，用筷子快速划散成均匀小块。

3 将胡萝卜丁倒入鸡蛋中，翻炒2分钟。

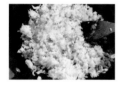

4 将提前打散的米饭倒入锅中，充分翻拌，使米饭均匀受热。

5 待米粒变松散并开始泛光时，依次加入盐、香菇酱。

6 混合均匀后加入黄瓜丁，略微翻拌即可关火。

烹饪秘籍

1 炒饭一定要用剩米饭，最好是放在冰箱冷藏过的剩米饭，炒出来的饭粒粒分明。

2 热锅温油入鸡蛋液，随着温度的升高，鸡蛋液逐渐凝固并被筷子搅打成均匀的鸡蛋块。

每年冬初老妈都要灌几十斤腊肠，或自食，或送亲朋好友。用腊肠做煲仔饭，油润喷香，偶尔吃一锅，竟然找到了儿时猪油拌饭的味道。焯一碗西蓝花，荤素全有了。

腊肠煲仔饭

| 烹饪时间：30分钟 | 烹饪难度：简单 | 🍱 适合做便当

扫码看视频，
轻松跟着做

用料

大米2杯 · 腊肠2根 · 鸡蛋2个 · 西蓝花适量 · 胡萝卜适量 · 酱油20毫升 · 生抽20毫升 · 盐少许 · 猪油半汤匙

做法

1 大米淘洗干净入砂锅中，水量和平时焖饭的一样，盖盖子小火焖。

2 待汤渐干时，舀半汤匙猪油，沿着锅边转一圈，让猪油融化进米粒中，没有猪油用植物油也可。

3 沿四周摆上切片腊肠，再在中间磕2个鸡蛋，鸡蛋上撒少许盐。

4 将调好的酱油生抽汁均匀淋在米饭上，盖盖，小火焖10分钟。

5 西蓝花切小朵，胡萝卜小块，用淡盐水焯变色，捞出沥干。

6 煲仔饭焖熟后起锅，将蔬菜摆在上面即可。

烹饪秘籍

1 用砂锅焖饭，全程小火，可在锅底放一张薄铁板，既能焖出浅黄色的锅巴，又防锅底焖煳。中途可转动锅子几次，以使锅底均匀受热。

2 酱油生抽汁是一定要放的，否则米饭就油腻无味了。

3 蔬菜不限于这些，起锅后再放入锅中，可保持鲜艳的颜色和清脆的口感。

腊肠香菇糯米饭

百万点击量

| 烹饪时间：40分钟 | 烹饪难度：简单 | 适合做便当

切两根腊肠焖一小锅糯米饭，喷香省事的中午饭有啦！香菇、胡萝卜、洋葱，虽然都是老几样，但喷香油润的米粒依然让人吃出了惊艳感。

用料

糯米1碗·腊肠2根·干香菇1碗·洋葱半个·青豆半碗·胡萝卜半根·香葱3棵·油少许·盐少许·生抽适量

烹饪秘籍

1 糯米泡透再用，炒时淋了水，所以焖时要比正常焖饭的水量少1/4。
2 用砂锅焖这道糯米饭比普通锅要香，想吃锅巴可以适当延长加热时间。

做法

1 糯米提前4小时凉水浸泡，干香菇凉水泡软，腊肠切厚片，青豆剥皮，胡萝卜刮皮。香葱切末。

2 洋葱、胡萝卜、香葱分别切小丁，香菇水不要倒，焖饭倍儿香。

3 炒锅中倒少许油，将腊肠和香菇丁小火翻炒出香味。

4 将青豆、胡萝卜丁、洋葱丁入锅中，腊肠有咸味，根据口味撒盐、倒生抽炒匀。

5 糯米入锅翻炒至透明状，将泡香菇的水适量淋入锅中。

6 将炒好的糯米饭倒入砂锅，把泡香菇的剩余净水倒入锅中，再加适量清水，水量比食材略低一点。

7 盖盖子，微小火慢焖，中途将锅子转动几次，使锅底受热均匀。汤干米香时，撒香葱末，吃时拌匀即可。

把羊肉切块和米饭同焖，是饭菜一锅出的家常美味，特别适合上班族和懒人。羊肉的油脂被米粒吸收，趁热吃又香又润，"减肥"瞬间被抛在脑后。

羊肉焖饭

| 烹饪时间：40分钟 | 烹饪难度：简单

扫码看视频，轻松跟着做

用料

大米2杯·羊腿肉600克·胡萝卜1根·洋葱1个·油少许·孜然2小撮·盐适量·酱油适量·香葱末少许

做法

1 羊腿肉洗净，先切条，再切2厘米见方的丁。

2 洋葱去皮，切2厘米左右的丁。胡萝卜去皮，切1厘米大小的丁。

3 炒锅中倒少许油，油温六七成热时，倒入羊肉翻炒变色，依次加入孜然、酱油。

烹饪秘籍

1 将菜料炒一炒更有滋味。在焖饭过程中，菜料自身的汁水还会渗透在米饭中，所以要把控好水量。
2 用同样的方法，还可以做腊肉焖饭、排骨焖饭、鸡肉焖饭等。

4 放入胡萝卜和洋葱翻炒，撒盐炒匀，关火。此时肉汁菜汁已经出来了，要把这些汁水算在米饭用水的量中。

5 大米淘洗净，入电饭锅中，加平时用水量的一半，炒好的菜料连同汤汁一起倒入锅中，混匀。

6 电饭煲通电，用普通的焖饭程序，焖好后用饭勺打散，撒点香葱末就开吃吧。

排骨焖饭

| 烹饪时间：40分钟 | 烹饪难度：简单 | 适合做便当

想饱口腹之欲，又不能费时间，还得荤素营养都全乎，这不，香喷喷的排骨焖饭来啦！排骨剁成小块，连骨髓和油脂都渗透到米粒中，米香、香，再有多种蔬菜的"加持"，吃得真叫香啊！

用料 大米2杯·排骨400克·胡萝卜1根·黄瓜1条·植物油少许·大蒜1头·酱油适量·盐适量

做法

1 排骨剁小块，入凉水锅中煮开，从水滚开处夹取，避开浮沫。

2 大米淘洗净，入电饭煲内胆中，水量比焖白米饭少1/2，浸泡几分钟。

3 胡萝卜切滚刀块，黄瓜切丁备用。

4 炒锅中倒少许油，大蒜炝锅，放入排骨和胡萝卜翻炒，放盐、酱油，拌匀，至排骨上色，倒少量水煮开。

5 连排骨带汤倒入米饭锅中，不要翻动。选择"标准煮"焖饭。

6 起锅时将黄瓜丁入饭锅，用饭勺混合均匀即可。

烹饪秘籍

1 排骨焯水可以去掉其中的杂质，米饭焖出来清爽不腥。
2 黄瓜可生食，出锅前与焖熟的材料混合，可保持清脆口感和翠绿的外观。
3 配菜不限这些，可用豇豆、香菇丁等不易出汤的蔬菜替换。

猪肉榨菜馅饼

| 烹饪时间：40分钟 | 烹饪难度：中等 | 🈁 适合做便当

用榨菜和猪肉调馅烙馅饼，利用榨菜自带的鲜味和咸味，连调味料都省了不少。打破常规的吃法，往往会带给我们意想不到的惊喜和美味。

用料

中筋面粉400克 · 猪瘦肉300克 · 榨菜180克 · 盐少许 · 植物油适量 · 黑胡椒粉2克

做法

1 中筋面粉和240毫升温水揉成较光滑的柔软面团，盖湿布醒20分钟。

2 瘦肉洗净、切块，用绞肉机打成肉馅，与榨菜丁、盐、黑胡椒粉、20毫升植物油、少许凉水充分混匀。

3 醒好的面团放在撒面粉的案板上，搓条，切剂子，擀成中间稍厚、边缘略薄的圆皮。取适量馅料放在圆皮中间。

4 用包包子的方法捏褶、封口，最后将多出来的面揪掉掉。褶子朝下，按扁。

5 饼铛中火加热，倒少许油，将馅饼码放均匀，表面刷油。底部定形后再翻面烙。

6 盖盖子，小火加热，中途翻两次，饼皮出现明显烙印且鼓气明显即可出锅。

烹饪秘籍

1 如果嫌榨菜味道太重，可用清水洗一遍，再根据口味酌情加盐或生抽等调料。

2 烙馅饼的火力不能太小，防面皮中的水分过度蒸发而变干。也不宜太大，防外皮煳了而馅料还未熟。要在中小火之间随时调节几次，并将馅饼变换位置，使其受热均匀。

3 饼皮上刷油，可有效减少油脂的摄入，不但健康，而且口味清爽不腻。

韭菜因为有一种独特的辛香气味而受大众的喜欢。透过吹弹可破的皮都能看到里面的黄鸡蛋、绿韭菜，咬一口，满满的蛋香、韭香、虾皮香，无肉却比肉还香。

鸡蛋虾皮韭菜馅饼

| 烹饪时间：40分钟 | 烹饪难度：中等 | ⊞ 适合做便当

用料

中筋面粉200克 · 韭菜1把 · 鸡蛋3个 · 虾皮半碗 · 油适量 · 盐适量

烹饪秘籍

1 面团一定要柔软，醒透后才有拉劲，才能薄皮大馅。
2 馅料是熟的，加热无须太久，中途需要不时地调整火力，两面烙出明显烙痕即可。
3 用大的平底锅、电饼铛或者时下流行的六圆盘煎锅均可。

做法

1 中筋面粉和130毫升温水同入盆中，揉成较光滑的面团，醒30分钟。

2 韭菜洗净、沥干，切碎备用。鸡蛋磕入碗中打散，虾皮洗净。

3 热锅温油，倒入鸡蛋液，用筷子不停搅拌使蛋液凝结成块，倒入虾皮混匀，关火凉凉。

4 倒入韭菜碎，包之前再撒盐，防止出汤。

5 醒好的面团搓长条、切剂子，擀成圆皮。取适量馅料放在皮上。

6 用包包子的方法将皮的边缘捏上，中间的面揪向上提，揪掉。按扁。

7 煎锅中倒适量油，中小火将馅饼煎烙至两面金黄、中间鼓起即可。

牛肉酥饼

| 烹饪时间：40分钟 | 烹饪难度：中等 | ⊞ 适合做便当

外皮酥脆焦香，内部柔软多层，鲜美入味的牛肉酥饼吃过一次就再也忘不了。自己做的虽然没有专业师傅的漂亮，但口味还是很让人欣喜的。现烙现吃，也可回锅热热，早餐也能吃得美！

用料　中筋面粉200克・牛肉200克・大葱1棵・黑胡椒粉4克・盐适量・酱油少许・生抽20毫升・植物油适量

做法

1 面粉和温水130毫升混匀，粗略揉成团，表面抹少许油，盖盖子，醒至少30分钟。

2 牛肉切大块，用绞肉机打成肉糜。大葱切末。

3 葱末、盐、黑胡椒粉、酱油、生抽、30毫升植物油同入肉末中。顺一个方向搅拌上劲，不要打水。

4 案板上抹少许油，将醒好的面团揪成均匀的剂子。

5 将面团擀成薄薄的长条，面片上抹油，在一端放适量肉馅。

6 用面皮将肉馅完全包裹住，向另一端卷起。距离尾端30厘米处，用刀尖在面片上划细条。

7 卷成圆面饼，接口压在下面。依次完成其他几个。

8 将肉饼生坯按压成厚约1厘米的薄饼，入平底锅，倒适量油。

9 小火烙定形后翻面烙，盖盖子，焖烙至饼身鼓起即可出锅。

烹饪秘籍

1　面团要充分醒透，延展性更强，一边卷一边拉抻，可使饼皮层次更多。

2　肉馅中不打水，这样肉馅易抱团且不会产生太多汁水，不会影响饼皮的口感。

千层肉饼

I 烹饪时间：40分钟 I 烹饪难度：中等 I ⊞ 适合做便当

千层肉饼并不是真的千层，但层次确实很多，算上面皮和馅料，一张饼有十几层。外皮酥香，内层柔软，馅料分布在其中又香又润，是吃不腻的"饭菜一锅出"。

用料　中筋面粉500克 · 猪肉末350克 · 杏鲍菇2根 · 大葱半棵 · 盐适量 · 蚝油适量 · 酱油适量 · 黑胡椒粉3克 · 植物油适量

做法

1 面粉和330毫升温水混合成团，水量是粉量的65%左右，成团即可，蒙保鲜膜醒30分钟。

2 肉末加适量盐、蚝油、酱油、黑胡椒粉、少量凉水，搅拌入味。

3 大葱切末，杏鲍菇切小丁，与肉馅混合均匀。

4 醒好的面团揉几下变光滑，分两等份，静置5分钟。

5 面团擀成厚约3毫米的圆片，均匀铺抹一半肉馅，边缘留白，沿一条半径切开。

6 沿切口顺着面片卷成卷。

7 卷成一个锥形，封口处捏严。

8 尖头朝上，用手按扁，把第二个饼坯也完成。

9 依次将饼坯擀成厚约1厘米的圆饼，大小不能超过锅的直径。

10 平底煎锅中倒适量油，将饼坯入锅，两面煎烙金黄，盖盖子，小火焖烙至饼胀鼓鼓，出锅。

 烹饪秘籍

1　和面团可用50~60℃温水，也可用一半开水、一半凉水。因水量大，用筷子搅拌成团即可，醒透的面团非常柔软，延展性很强。

2　卷好按扁的饼坯先不要擀，把第二个完成后再擀第一个就很轻松了。

3　烙饼时全程在中小火和小火之间调换，并不时转动饼坯使其受热均匀，煎烙时适量加点水也能增加湿度，促使内部成熟。

番茄烩饼

百万点击量

┃烹饪时间：20分钟 ┃烹饪难度：简单

自家烙的发面饼柔软、暄腾，吃剩的饼切小丁，往番茄热汤中一混合，边吃边让饼吸足汤汁，柔软筋道还不乱汤，是一道全家老少都喜欢的快手主食。

用料

发面饼半张·番茄2个·鸡蛋2个·香葱1棵·香菜1棵·油少许·盐少许·生抽少许

做法

1 发面饼切成1厘米大小的丁。

2 番茄切小块。鸡蛋磕入碗中打散，香菜切段，香葱切末。

3 炒锅中倒少许油，将番茄煸炒出汤。

4 依次加盐、适量水煮开，沸腾后倒少许生抽提鲜。

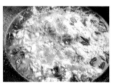

5 再将打散的鸡蛋液淋入锅中，撒香菜段。

6 待蛋花浮起来，将发面饼丁倒入锅中，混合均匀，关火，撒香葱末即可。

烹饪秘籍

1 番茄用少许油煸炒出汤，色泽红润而且味道浓郁。
2 发面饼不宜早放，起锅前稍一混合即可食用，也不要久放，否则吸足汤就失去了筋道的口感。

吃剩的烙饼切细丝，和圆白菜、胡萝卜等脆嫩的蔬菜炒一炒，让人胃口大开。这是我从小吃到大的家常美食，淋上辣椒油和米醋，一不小心又多吃了半碗！

素炒饼

| 烹饪时间：15分钟 | 烹饪难度：简单

| 🍱 适合做便当

扫码看视频，
轻松跟着做

用料

剩烙饼1张半 · 圆白菜半个 · 绿豆芽2把 · 胡萝卜半根 · 大蒜1头 · 姜1块 · 油少许 · 盐适量 · 生抽适量

做法

1 大饼切细丝。

2 胡萝卜和圆白菜分别洗净、切细丝，大蒜和姜刹末。

3 炒锅中倒少许油，将胡萝卜煸炒1分钟，再把绿豆芽入锅，翻炒变软。

烹饪秘籍

1 剩烙饼切细丝，入锅无须翻炒太久，菜料能很快将其捂热变软。
2 菜料选用易熟、汁水少、脆嫩的品种。
3 起锅前的蒜末和姜末是点睛之笔，其他调料可随口味调整。

4 圆白菜入锅，加盐、生抽，炒至变软。

5 大饼丝入锅，用两把铲子配合快速翻拌。

6 无须炒太久，拌匀即可，起锅前撒大蒜末、姜末，稍混合出锅。

鸡蛋煎饼

百万点击量

| 烹饪时间：20分钟 | 烹饪难度：简单 | 🍱 适合做便当

早上摊几张鸡蛋煎饼，抹上浓郁的豆腐乳和黄豆酱，再裹上水嫩的生菜叶，这早餐制作快速简单，口感清新。软软的面皮配上嫩黄的鸡蛋，光看就要流口水了！

用料

中筋面粉100克·鸡蛋2个·玫瑰豆腐乳1块·黄豆酱2汤匙·黑芝麻适量·香葱1棵·生菜适量·植物油少许

做法

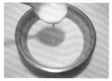

1 面粉中逐量倒凉水，用勺子调成稀面糊，静置5分钟。

2 玫瑰豆腐乳和腐乳汁、黄豆酱同入碗中，调成酱料糊。香葱切末。

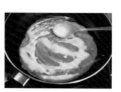

3 平底锅中倒少许油润锅，大火加热后离火，倒适量面糊入锅，转动锅使面糊均匀铺底，空白处用勺子抹匀。

烹饪秘籍

1 早餐时间短，可将前3步的工作在头天晚上完成。

2 除了生菜，还可依口味卷火腿肠、炸薄脆等，口感更丰富。

4 鸡蛋磕在面皮上，用勺子将蛋黄打散。小火加热，撒黑芝麻和香葱末。

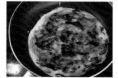

5 翻面，将酱料糊均匀刷在面皮上，待蛋液完全凝固出锅。

6 酱料面皮朝上，铺上洗净的生菜叶。卷成卷即可食用。

早上起床后，肠胃处于半梦半醒之间，所以早餐以柔软、开胃、有滋味为主。将炒得干香的牛肉馅铺在鸡蛋饼上，娇嫩的软饼有了几分"硬气"，还有了酱香饼的味道。

用料

中筋面粉200克·鸡蛋4个·牛肉末100克·香葱4棵·盐适量·油少许·酱油少许

软香牛肉鸡蛋饼

┃ 烹饪时间：20分钟 ┃ 烹饪难度：简单 ┃ ⊞ 适合做便当

做法

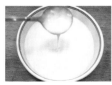

1 面粉和鸡蛋同入碗中，逐量加适量凉水搅拌，至舀起面糊呈直线垂落，没有明显的面疙瘩，加少许盐静置几分钟。

2 热锅凉油，放入牛肉末迅速划散。待牛肉稍变色，加盐、酱油、1/3葱末，拌匀后出锅备用。

3 平底煎锅中倒几滴油稍加热，舀适量面糊倒入锅中，端锅迅速转动，使面糊铺满锅底。

4 小火加热，趁表面未凝固，撒适量牛肉、香葱末，用铲子轻轻按压几下。

5 转动饼皮，用铲子辅助翻面，烙20秒出锅。

6 盘子扣在锅里，端锅反转，嫩黄鸡蛋饼上的牛肉粒冒着香气，剩下的材料依次完成。

烹饪秘籍

1 牛肉末凉油入锅，迅速划散，可使牛肉颗粒分明不成坨。

2 不可用生肉末与面糊混合，否则入锅面糊不易均匀，加热时间长，还略带肉腥味。

3 早餐时间紧，可以将面糊在头天晚上调好放冰箱冷藏。

贴饼子熬小鱼

烹饪时间：40分钟 | **烹饪难度：简单** | ⊞ **适合做便当**

小杂鱼用小火咕嘟一大锅，不但鱼肉吸收了汤汁，香味十足，连骨头都有些酥了，把嘎嘎香的脆底贴饼子泡在鱼汤里，真是要多香有多香！

用料

小杂鱼600克·粗糙玉米面300克·小苏打2克·大葱半根·大蒜1头·干红辣椒3个·八角2颗·酱油40毫升·蚝油20毫升·料酒40毫升·盐2克·植物油适量

烹饪秘籍

1　小杂鱼不限品种，但内脏和鱼鳃都要清理干净。出锅时鱼汤要留一些，饼子蘸汤非常美味。

2　厚实的铸铁锅较适宜做这道美味，如用普通炒锅，要随时调整火力。

做法

1 玉米面和小苏打混匀，用200毫升80℃左右的热水和面，用手能攥成团，盖盖醒20分钟。

2 小杂鱼不限品种。左边是淡水杂鱼，右边是小黄鱼。将小鱼收拾干净，沥干水。

3 热锅温油，小鱼全部入锅，底部的鱼煎定形后轻轻晃动，沿锅边淋料酒。

4 倒入酱油、蚝油、盐、葱段、大蒜、干红辣椒、八角、适量热水，水没过小鱼，转中小火。

5 把玉米面放在手心揉成乒乓球大小，双手对压成小饼状。

6 每做好一个小饼子就贴在锅边，下半截入鱼汤也不要紧，全部都贴好后盖上锅盖。

7 中小火焖炖20分钟。待汤汁被耗得差不多，饼子比之前饱满了很多，关火即可。

糖三角是从我打小就爱吃的，说它是主食，它更像中式甜点。刚出锅的糖三角，暄软洁白的面皮裹着黑红淌汁的红糖，咬一口又烫又甜。舔一舔流到手指上的红糖汁，甜到了心里。

糖三角

| 烹饪时间：1.5小时 | 烹饪难度：简单 | ⊞ 适合做便当

用料

中筋面粉250克 · 红糖60克 · 红糖用面粉20克 · 干酵母3克

烹饪秘籍

1 红糖中加少许面粉可增加糖汁的浓稠度，减缓红糖汁的流动。

2 用筷子夹小嘴唇时，不要有红糖夹在面皮之间。

做法

1 面粉、干酵母、150毫升室温凉水同入盆中，揉成较光滑的面团，盖盖子发酵。

2 大块红糖碾碎，放入糖量1/3的面粉，混合均匀。

3 面团发至2倍大，轻拍有嘭嘭声，掀起面团有均匀细长的拉丝。

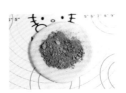

4 面团搓揉排气，分成6等份。将面团按扁、擀圆，把红糖放在面皮中间。

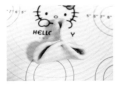

5 用手指将周边的面皮向中间聚拢，捏紧。

6 用筷子稍用力夹住边缘，"小嘴唇"就出来了。

7 生坯码在蒸屉上，醒20分钟。大火上汽后蒸15分钟，关火后闷5分钟。

南瓜福袋

| 烹饪时间：1小时 | 烹饪难度：复杂 | ⊞ 适合做便当

别小看这福袋包子，讲究可不少。黄袋为"金"，绿绳为"玉"，红色福贴喜庆吉祥。素馅红黄绿白可理解为五颜六色的珠宝。整个福袋的造型寓意"金玉满堂（膛）"。

用料 中筋面粉180克·南瓜泥95克·干酵母2克·菠菜粉适量·红曲粉少许·鸡
蛋2个·胡萝卜1根·青辣椒1根·杏鲍菇1根·油适量·盐适量

做法

1 胡萝卜、辣椒、杏鲍菇分别切小丁，越细碎越好。鸡蛋打入碗中。

2 热锅温油，蛋液入锅，用筷子不停搅拌，搅拌成均匀的鸡蛋碎。

3 加入胡萝卜和杏鲍菇翻炒3分钟，关火后加辣椒丁、盐，拌匀备用。

4 150克面粉加入南瓜泥、干酵母，揉成光滑细致的面团。

5 切6个均匀的剂子，将剂子按扁，擀成直径约8厘米的圆皮。

6 取适量馅料放面皮上，对捏成四瓣花。

7 将花瓣再分别对捏，形成口袋扎口，将扎口处捏紧并调整褶皱。

8 30克面粉、18毫升清水揉一个白面团，分两份，分别放菠菜粉和红曲粉揉成红绿面团。

9 将绿面团搓成细长条。取适量长度围在扎口处。

10 红面团擀成厚约1毫米的面片，切割成菱形，抹少许凉水贴在袋子上。

11 福袋生坯码放在铺了蒸垫的蒸盘里，剩下的边角料可搓细条盘成棒棒糖状，发酵15分钟。

12 至面坯成原来的1.5倍大小时开蒸，蒸12分钟，关火闷5分钟即可。

烹饪秘籍

1 一次发酵便于整形，为保持外观不变形，发到1.5倍就要蒸。

2 面皮中间稍厚，边缘略薄，这样才不会导致扎口处过于厚重。

猪肉香菇烧卖

| 烹饪时间：50分钟 | 烹饪难度：简单 | ⊞ 适合做便当

烧卖的面皮为烫面皮，可塑性强，多作为福袋或花朵形状。面皮口感绵软，内馅鲜香丰富，可直接食用，亦可蘸食醋汁增香。

用料　糯米100克·中筋面粉250克·猪肉末1碗·泡发香菇数朵·胡萝卜1根·芹菜茎1棵·植物油适量·酱油适量·盐适量

做法

1 提前焖好糯米饭。用80～90℃的开水揉面，略光滑后盖盖子，醒20分钟。

2 水发干香菇、胡萝卜、芹菜茎切小丁，留一小撮切得更细些，出锅后装饰用。

3 炒锅中倒植物油，将肉末炒变色，依次加入香菇丁、胡萝卜丁、盐、酱油翻炒，关火后将芹菜丁入锅。

4 将菜料与糯米饭混合成烧卖馅。

5 醒好的面团放案板上，揉搓成细长条，切成大小均匀的剂子，按扁擀圆片。

6 四五张摞一起，每张之间铺撒厚厚的面粉，将边缘多压几次，出现荷叶边。

7 抖掉面粉，取适量馅料放在面片上。

8 把四周面皮向中间聚拢，中间留一小孔露出馅料，

9 将散开的面皮整理成花瓣状，码放在铺了屉布的蒸锅里，大火上汽后蒸8分钟，出锅后撒新鲜胡萝卜芹菜丁装饰。

 烹饪秘籍

1　焖饭、揉面醒面、切菜炒馅可同时进行，这样可大大节约时间。

2　面团用80℃以上的热水揉面，面团较黏，无须揉得特别光滑，醒的时间越长，面团越柔软。烫面凉后食用也是柔软的。

3　馅料是熟的，无须蒸太长时间。

猪肉金针包子

烹饪时间：2小时 | 烹饪难度：中等 | 适合做便当

黄花菜又称金针，多以干货为常见。将黄花菜泡软，与肉馅混合蒸包子，那味道和口感真是没挑儿了！用炒熟的肉馅，其浓郁的酱肉汤汁被黄花菜充分吸收，哪个是肉，哪个是菜，已浑然不可分。

用料　肥瘦猪肉末400克 · 干黄花菜500克 · 韭菜1把 · 白菜叶3片 · 中筋面粉800克 · 干酵母
8克 · 植物油适量 · 酱油、蚝油各2汤匙 · 盐适量

做法

1 面粉、干酵母、460毫升室温凉水同入盆中，揉成较光滑的面团，盖盖子，在温暖湿润处发酵。

2 干黄花菜挑去硬梗，用凉水淘洗两遍，用温水浸泡变软。

3 炒锅中倒适量油，将肉末煸炒变色，倒酱油、蚝油、盐调色调味，凉后使用。

4 将泡软的黄花菜淘洗两遍，去掉干菜味，攥干、切碎。韭菜和白菜切末。

5 将菜料与肉馅混合均匀，最好在包之前再混合，防止白菜出汤。

6 发酵好的面团是原来的2~2.5倍，手轻拍有嘭嘭声，掀起面团，底部有均匀的气孔和绵长的拉丝。

7 将面团揉光滑，搓长条，切剂子，擀成中间稍厚、边缘略薄的圆皮。取适量馅料放在圆皮上，包成包子。

8 包子码放在蒸锅屉布上，盖盖子醒15分钟左右，待包子涨到1.5倍，大火上汽后蒸12分钟，关火闷5分钟即可。

 烹饪秘籍

黄花菜吃油，肉末中略带肥更香，炒熟的肉馅可让黄花菜吸足汤味，口感软且蒸制时间短。

春笋韭菜素三鲜包子

| 烹饪时间：1小时 | 烹饪难度：简单 | ⊞ 适合做便当

用春笋、韭菜、鸡蛋做的"素三鲜"包子既有笋的清脆，又有韭菜的鲜香，更有鸡蛋的浓香。用一次发酵的方法省时省事，大包子暄软白胖，三口两口就吃完了一个，抹抹嘴，真香！

用料

中筋面粉500克 · 干酵母5克 · 春笋2个 · 韭菜1把 · 鸡蛋3个 · 植物油适量 · 盐适量 · 鸡汁20毫升 · 香油20毫升

做法

1 面粉、干酵母、320毫升温水揉成较光滑的面团，盖盖子醒一会儿。韭菜洗净，切末。

2 春笋去皮，劈两半，用淡盐水煮10分钟，去掉草酸，切大块，用料理机打成绿豆大小的颗粒，攥掉多余水分。

3 热锅凉油，倒入打散的鸡蛋液，用筷子不停搅拌，打成均匀的鸡蛋碎。

4 春笋碎入锅，加鸡汁、盐，拌匀，凉后放韭菜末、淋香油。

5 面团揉光滑，搓条，切剂子，擀成中间稍厚、边缘略薄的圆皮。包入馅料，包成包子。

6 将包子码放在铺了屉布的蒸锅里，发酵至近2倍大。大火上汽后蒸12分钟，关火闷5分钟即可出锅。

烹饪秘籍

1 一次发酵的包子除暄软度比二发的略差一点，其他无区别，时间上能节省1个多小时。

2 春笋打碎后攥水，才不会使馅料出汤，压塌底皮。

3 在蒸锅中发酵的时间根据环境温度决定，涨发接近2倍大就开蒸。

更多包子馅调制法

梅干菜猪肉包子馅料

烹饪秘籍

1 梅干菜用少量凉水浸泡并上锅蒸，可变软并浓香。
2 肉馅炒熟后再用，能去掉肉腥味，且蒸出来的馅料松散、油润、不腻，还节省蒸包子的时间。

用料 梅干菜300克·猪肉末600克·植物油适量·小洋葱80克·姜末适量·盐少许·蚝油适量

做法
1 梅干菜用少量凉水泡30分钟，捞出，漏掉底部杂质；上锅蒸30分钟，凉后剁碎。洋葱切末。
2 炒锅中倒适量油，将洋葱末和姜末煸炒至微黄，倒入肉末，待肉末变色后，继续煸炒2分钟，让多余水气及腥气挥发，并逼出肉中部分油脂。
3 将炒好的肉末倒入梅干菜中，加适量盐、蚝油，拌匀即可。

鸡蛋茴香包子馅料

烹饪秘籍

茴香和鸡蛋比较吃油，所以油可以适当多一些。

用料 茴香1把·鸡蛋3个·植物油适量·盐4克

做法
1 热锅凉油，打散的鸡蛋液倒入锅中，用筷子不停搅拌，打成大小均匀的鸡蛋碎，凉后使用。
2 茴香择洗净、沥水、切碎，与鸡蛋碎混合，包包子之前再加盐拌匀。

葱香牛肉包子馅料

烹饪秘籍

1 牛肉馅带些肥的更香，如果太瘦可淋点植物油增加油润感。
2 肉馅中少打水，洋葱汁足够被肉馅吸收。

用料 牛肉400克·洋葱1个·植物油20毫升·盐3克·蚝油20毫升·酱油30毫升

做法
1 牛肉用绞肉机打成肉糜，加适量植物油、盐、蚝油、酱油、少许凉水，搅拌成糊。
2 洋葱去皮，切片，再用料理机打成小丁，与牛肉馅拌匀即可。

牛肉胡萝卜饺子

| 烹饪时间：50分钟 | 烹饪难度：中等 | 适合做便当

牛肉胡萝卜馅口感微甜，使饺子也更加鲜嫩，让人胃口大开。而低脂肪、高蛋白质的牛肉对长身体的小朋友也非常有益。

用料

中筋面粉800克·牛肉500克·胡萝卜5根·大葱1根·姜1块·蚝油30毫升·酱油适量·盐适量·黑胡椒粉3克·香油30毫升

烹饪秘籍

1 饺子面团要软硬适度，太硬擀、捏都费劲，太软不成形、易漏馅，水量是面粉量的55%～60%为宜。
2 胡萝卜含水量不多，剁碎后可直接入馅搅拌，无须杀水。肉馅如果太干，可加适量凉水搅拌。

做法

1 面粉和460毫升凉水混合揉成团，盖盖子醒30分钟。葱姜切末。

2 牛腿肉用绞肉机打成小颗粒，和姜末、葱末、黑胡椒粉、盐、香油、酱油、蚝油、少许凉水同入盆中搅拌。

3 胡萝卜刮皮，擦丝，剁末，与肉馅混合均匀。

4 醒好的面团搓成长条状，切剂子，擀成中间稍厚、边缘略薄的圆皮。

5 取适量馅料放在面皮上，包成饺子，煮熟后食用。

排叉是一种佐餐下酒的传统油炸面食，有地方叫"麻叶"。把大南瓜擦丝、攥汁，与排叉碎同拌是极香的素馅，还偶尔有排叉咯吱咯吱的脆感，一年必吃几顿。

用料

中筋面粉1000克 · 嫩南瓜适量 · 排叉2块 · 植物油15毫升 · 姜1块 · 盐适量

烹饪秘籍

1 嫩南瓜带皮擦丝，撒盐拌匀，攥汁后使用。如果是老南瓜，要削皮后擦丝，水分少无须杀水。

2 排叉自带油脂，且有芝麻在里面，所以只需少许油把姜末炸香即可。排叉还有吸汤汁的作用。

南瓜排叉素馅饺子

| 烹饪时间：50分钟 | 烹饪难度：简单 | 🍱 适合做便当

做法

1 面粉加600毫升凉水揉成较光滑的面团，盖盖子醒30分钟。

2 嫩南瓜洗净，带皮擦细丝，撒适量盐拌匀，攥汁。姜切末。

3 排叉入塑料袋中。用擀面杖压小块、擀成黄豆大小的碎渣。

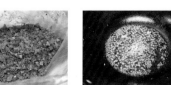

4 热锅温油，将姜末煸炒微黄出香味。

5 将南瓜丝、排叉碎、姜末油、适量盐拌匀。

6 面团搓长条、切剂子，擀成中间稍厚、边缘略薄的圆皮。

7 取适量馅料放在皮上，包成饺子。全部包好后入开水锅煮熟即可。

鸡蛋韭菜煎饺

| 烹饪时间：30分钟 | 烹饪难度：简单 | ⊞ 适合做便当

薄皮大馅，每一口都带着浓香的韭菜味。嫩黄的鸡蛋与碧绿的韭菜相互映衬，这朴实的味道让人一下子就想到了"妈妈的味道"。

用料

中筋面粉300克·鸡蛋3个·韭菜1把·植物油适量·香油10毫升·盐3克

做法

1 面粉和180毫升温水揉成面团，盖盖子醒30分钟。

2 热锅凉油，倒入打散的鸡蛋液，用筷子不停搅拌至蛋液凝固并被打成小块，凉凉使用。

3 韭菜洗净，切碎末，倒少许香油拌匀，包之前加盐与鸡蛋碎拌匀。

4 醒好的面团搓长条，切剂子，擀成中间稍厚、边缘略薄的圆皮。

5 取适量馅包成饺子，捏花边更显饱满。码放在煎锅里，淋少许油，中小火加热。

6 煎至底部定形后翻面煎，淋少许水，盖盖子，焖3分钟即可出锅。

烹饪秘籍

1 面团要软，水量一般是粉量的60%左右。可用温水或者一半开水一半凉水揉面。醒透的面团柔软有弹性。

2 为防止出汤，馅料在包之前再加盐拌匀。

淋点粉浆形成冰花脆底后，煎饺的颜值一下子有了提升。随手一个小改变，竟然带来这么多的惊喜。

韭菜萝卜冰花煎饺

| 烹饪时间：40分钟 | 烹饪难度：中等 | 适合做便当

用料

中筋面粉300克 · 韭菜1把 · 鸡蛋2个 · 脆口咸菜萝卜150克 · 植物油适量 · 芝麻香油少许 · 盐少许 · 玉米淀粉10克 · 冰花用中筋面粉10克

烹饪秘籍

1　粉浆的用量够3锅用的，倒在空隙处。不要太浓厚，水干后打开锅盖，散散蒸汽即可出锅。
2　馅料中无生肉，易熟，确保饺子皮成熟就能出锅。

做法

1 面粉和180毫升温水同入盆中，揉成较柔软的面团，蒙保鲜膜醒30分钟。

2 热锅凉油，倒入打散的鸡蛋液，用筷子不停搅拌，使其成均匀的鸡蛋碎。

3 切好的韭菜末、咸菜萝卜碎、鸡蛋碎同入盆中，加适量盐、香油混合均匀。

4 面团搓长条，切剂子，擀成中间稍厚、边缘略薄的圆皮。取适量馅料放在圆皮上，包成饺子。

5 饺子码放在煎锅里，淋少许植物油，开大火将底部定形，转小火。

6 10克淀粉、10克中筋面粉、100毫升凉水调成粉浆。

7 倒适量粉浆入锅中，盖盖子，待水分挥发后即可出锅。

更多饺子馅调制法

羊肉萝卜饺子

烹饪秘籍

1 想要萝卜汁全部被肉吸收，二者的比例很重要，肉少菜多也会有多余的汁水渗出，可根据肉的含水量多尝试。

2 易出汤的菜料如萝卜、白菜，最好在包之前再混合，防止过早混合而出汤。

用料 羊腿肉600克·白萝卜1棵·大葱2棵·酱油30毫升·生抽20毫升·盐适量

做法

1 羊腿肉去掉筋膜，切块，用绞肉机打成肉末。

2 用绞肉机将大葱打碎，与酱油、生抽、盐同入肉末中，拌匀。

3 白萝卜用擦丝器擦丝，再用刀剁末，倒入肉馅中。

4 顺着一个方向搅拌，至萝卜汁完全被羊肉吸收即可。

圆白菜猪肉饺子馅料

烹饪秘籍

1 葱姜油煸出香味，放凉后倒入肉馅中同拌，可增加香味并弥补肉中缺少肥肉的缺陷。

2 圆白菜不要剁得太碎，有颗粒感更好吃；攥出来的菜汁可入肉馅中搅拌，以增加肉馅的鲜嫩柔软的口感。

用料 圆白菜2个·猪肉末500克·盐适量·植物油适量·小葱叶1把·姜1块·酱油少许

做法

1 猪肉末中打入少许凉水、盐、酱油，顺一个方向搅拌上劲。

2 圆白菜洗净，先切丝再切碎，撒少许盐拌匀，静置5分钟，用手攥掉多余的菜汁。小葱叶、姜切末。

3 炒锅中倒适量油，将小葱叶和姜末煸炒微黄，关火，放凉。

4 将放凉的葱姜油、圆白菜碎与肉馅充分拌匀即可。

胡萝卜虾皮饺子馅料

烹饪秘籍

虾皮油可一次多做些，拌馅、拌面、拌菜均可。

用料 胡萝卜1根·虾皮50克·盐少许·香葱2棵·植物油适量

做法

1 胡萝卜洗净，用擦丝器擦成稍短的细丝。香葱切末。

2 炒锅中倒油，中火加热至五六成热时转小火，将虾皮倒入，煸炒至焦脆。

3 将虾皮油倒入胡萝卜丝中，加香葱末、少许盐混合均匀即可。

各地的锅贴形状不同，一般多以饺子状为主，北京的锅贴则是将中间捏严，两边不封口。锅贴馅料可荤可素，但都底儿焦脆、馅儿香嫩。

猪肉香芹锅贴

| 烹饪时间：30分钟 | 烹饪难度：中等 | 适合做便当

用料

中筋面粉300克·猪肉末200克·香芹1把·小葱2把·蚝油2汤匙·香油10毫升·盐适量

烹饪秘籍

1 用温水或者开水揉面均可，后者只是在凉后食用依然柔软。

2 香芹无须杀水，直接放肉馅中混合，所以肉馅中不要打太多水。

3 锅贴底部煎定形后再倒水，一次加够，中间尽量不添水。

做法

1 中筋面粉和190毫升温水同入盆中，揉成较光滑的面团，盖盖子醒30分钟。

2 小葱切末，入肉末中，倒适量蚝油、香油、盐、少许凉水混合均匀。

3 香芹择洗净，切末，与肉馅拌匀。

4 醒好的面团直接搓长条，切剂子，擀成中间稍厚、边缘略薄的椭圆形面皮。

5 取适量馅料放在圆皮上，馅料铺得长一些。将两边皮子对折、捏严，两端不封口。

6 全部码好在饼铛里，淋适量油，中火把底部煎定形后倒半碗水，盖盖子小火煎。

7 听到吱吱声时开盖放蒸汽，底部重新变焦脆时出锅。

炸鸡蛋韭菜盒子

| 烹饪时间：20分钟 | 烹饪难度：简单 | ⊞ 适合做便当

阳台上种的韭菜"丰收"了，虽然数量有点少，但配上鸡蛋碎和胡萝卜碎足够一家三口吃了。随手揉一块面，包成小巧的盒子，用油炸一炸，外皮焦脆，内馅鲜香微甜，既是主食，又是小吃。

用料

中筋面粉200克·鸡蛋2个·韭菜1把·胡萝卜1根·植物油适量·十三香2克·盐适量

做法

1 面粉中加入130毫升温水，先用筷子搅拌成絮状，再手揉成无干粉的面团，盖盖子醒20分钟。

2 将切碎的韭菜、胡萝卜与炒熟凉凉的鸡蛋碎同入大碗中，加适量盐、十三香同拌。

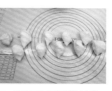

3 醒好的面团搓长条，切剂子。

4 擀成边缘和中心一样薄厚的椭圆形，中间一分为二，各在一端放适量馅料。

5 上下对折，边缘按压严实，做成三角形状的小盒子，用餐叉压出花边或者手捏花边。

6 油锅中火加热，丢一块面团能迅速浮起说明油温够了，将盒子入油锅中，转中小火，炸至表面金黄即可出锅。

烹饪秘籍

1 因为馅料中的韭菜很少，所以放少许十三香调味，如果韭菜多，可不放十三香。

2 盒子个头小，又是素馅，不用炸太久，表面金黄且肚子鼓起来就可捞出。想要表皮更酥脆，可复炸一遍。

3 高温加热的油不宜反复使用，所以宜用小奶锅来操作，分批炸盒子，以减少整体用油量。

买一只三黄鸡，将鸡胸肉和鸡腿肉剔下来包馄饨，鸡汤正好用来煮馄饨，那真是鲜掉眉毛了！吃不完的鸡架剁小块，与蒜醋酱油汁一拌，又是开胃的凉拌菜。

用料

面粉150克 · 三黄鸡1只 · 西葫芦半个 · 香葱3棵 · 白胡椒粉2克 · 盐适量 · 油菜4棵 · 紫菜适量

烹饪秘籍

1　纯鸡肉做馅肉质太过紧密，加点水分大的西葫芦又嫩又多汁。

2　鸡汤熬得久一些，鲜味更浓。

鸡肉鲜汤大馄饨

I 烹饪时间：1小时　I　烹饪难度：中等

做法

1 中筋面粉加80毫升凉水，揉成无干粉的面团，用压面机压出薄薄的馄饨皮。

2 三黄鸡的鸡胸及腿肉卸下来。鸡身、鸡架剁块，入凉水锅中煮开，撇沫，再小火炖40分钟。

3 鸡胸肉、鸡腿肉剁小块，与西葫芦块、香葱段用绞肉机绞碎。

4 绞好的鸡肉西葫芦碎倒大碗里，撒白胡椒粉、盐，调成馅料。

5 取适量馅料放在馄饨皮上，四周向中间一攥，小金鱼形状的馄饨就好了。

6 起锅烧水，水开后将适量馄饨入锅中煮到全部浮出水面，肚子胀鼓鼓。

7 碗中放适量紫菜、香葱末，将鸡汤舀入碗中，再捞入馄饨，撒少许盐。可配焯熟的油菜同食。

猪肉洋葱懒龙

| 烹饪时间：2小时 | 烹饪难度：中等 | ⊞ 适合做便当

懒龙又称肉龙、肉卷，是北方常见的"饭菜一锅出"的面食。它层次丰富、口感暄软，比包子简单，比馒头好吃。

用料

中筋面粉800克·干酵母8克·白糖10克·猪肉末500毫升·洋葱1个·酱油40毫升·蚝油30毫升·盐适量·植物油20毫升

烹饪秘籍

1 洋葱富含汁水，肉馅中不要打太多水，防止汤汁太多把面皮浸湿而不涨发。
2 蒸的时间根据懒龙的长短、大小、薄厚、火力来调整，越厚越长的懒龙蒸的时间越长。

做法

1 面粉、干酵母、白糖、460毫升室温凉水同入盆中，揉成较光滑的面团，盖盖子发酵。

2 肉末中倒酱油、蚝油、植物油、盐，拌匀。切好的洋葱碎同入盆中，先不要搅拌。

3 擀面团前再将洋葱碎与肉馅搅拌均匀，洋葱汁会被肉馅快速吸收。

4 面团发至原来的2～2.5倍大，轻拍嘭嘭响，手指蘸面粉在面团顶部戳洞，不塌陷不回缩。

5 将面团揉一揉排气，擀成厚约3毫米的长方形面片，均匀抹上猪肉洋葱馅，四周留白。

6 从一端卷向另一端，封口朝下压紧。

7 根据蒸锅大小，用手掐等份，两端捏严。将生坯码在蒸锅里，留出间距，盖盖，醒20分钟左右。

8 待卷子是原来的1.5倍时，开大火，上汽后蒸25分钟，关火闷5分钟出锅。

这个素菜卷子是肉龙的姊妹篇，但比肉龙更省事。半烫面的面皮柔软又有嚼劲儿，随手取材的蔬菜配上鸡蛋碎，清香耐吃。

用料

胡萝卜数根 · 韭菜1把 · 鸡蛋3个 · 豆腐干3片 · 粉丝1把 · 面粉300克 · 油30毫升 · 盐4克

烹饪秘籍

1　菜卷子面皮不用发酵，因为皮薄馅大。用烫面团缺少韧性，所以用温水揉面。

2　馅料突出的是各种食材的清香味，不放酱油，想要味道浓郁，可以放点十三香。

蒸素菜卷子

Ⅰ 烹饪时间：40分钟　Ⅰ　烹饪难度：简单　Ⅰ　⊞ 适合做便当

做法

1 面粉入盆，用180毫升温水和面，水量是粉量的60%～65%，蒙保鲜膜醒20分钟。

2 热锅温油，倒入打散的鸡蛋液，用筷子不停搅拌，打成均匀的鸡蛋碎，凉凉使用。

3 把鸡蛋碎、切好的胡萝卜丝、韭菜末、豆腐干丁、泡软的粉丝段、适量盐同入盆中，拌匀。

4 面团擀成厚约2毫米的长方形薄片，把馅料均匀地铺在面片上，四周留白。

5 从一侧向另一侧卷起来，封口处捏严实。

6 将面卷盘成圈，放在蒸锅里。

7 无须醒发，盖上盖子，大火上气后蒸20分钟，关火即出锅。

排骨豆角土豆焖面

| 烹饪时间：**30分钟** | 烹饪难度：**简单** | ⊞ 适合做便当

焖熟的土豆翻拌后裹在面条上，吃起来有沙沙的口感，仿佛给面条裹了一层金沙。用机压的细面条焖面入味又省事，是一道百吃不厌的懒人饭。

用料

排骨1000克·豆角500克·土豆1个·胡萝卜2根·青蒜3棵·面条600克·葱半棵·大蒜1头·姜1块·油适量·酱油适量·蚝油适量·盐适量

烹饪秘籍

1　手擀面、机压面均可，会有不同的口感，面条表面淋一些水再盖盖焖，可使面条湿润柔软。
2　排骨剁小块，能与豆角同时焖熟，也可将排骨换成肉块、肉片、鸡肉、牛肉等。

做法

1 豆角掐掉头尾、撕掉边筋，掰段；排骨剁小块，焯水。

2 1根胡萝卜切粗条，一根擦细长丝。土豆削皮切粗条。

3 大葱切圈，青蒜切小段，姜切末，蒜拍扁剁碎。

4 锅中倒少许油，葱花、姜末炝锅，入排骨煸炒，倒酱油、蚝油上色，依次倒入豆角、土豆条、胡萝卜条，撒盐。

5 倒热水，水量与菜持平。将面条抖散铺在排骨豆角表面，零星淋少许水，不要翻动。

6 盖盖子小火焖20～30分钟，中途可掀起锅盖观察水量，如不够，贴锅边倒热水。

7 锅底还有少量汤汁时，将青蒜段和胡萝卜丝倒入锅中，与面条和菜料拌匀，出锅。

用料　面条适量 · 牛里脊200克 · 白菜心1棵 · 胡萝卜1根 · 青椒1个 · 植物油、酱油各适量 · 盐、料酒各少许 · 大葱1段 · 淀粉10克

牛肉蔬菜炒面

| 烹饪时间：25分钟 | 烹饪难度：简单 | 🍱 适合做便当

做法　**1** 牛里脊切细丝，放少许料酒、盐、淀粉抓匀腌制。白菜、青椒、胡萝卜切细丝，大葱切末。
2 新鲜面条或者挂面均可，大火煮熟，过凉水备用。
3 热锅凉油，放入牛肉丝，用筷子迅速划散，使牛肉丝根根分明。依次加入葱末、酱油，增香上色。
4 将蔬菜丝入锅中，加适量盐翻炒变软。将面条捞入菜锅中，拌匀即可。

烹饪秘籍

1 蔬菜和肉类不限于以上几种，可根据应季蔬菜调整，品种越多，营养越丰富。
2 面条和炒菜可同时进行，将煮熟的面条直接捞入菜锅中翻拌，省去了过凉水的步骤。

SOUP SOUP
enjoy

番茄热汤面

百万点击量

| 烹饪时间：15分钟 | 烹饪难度：简单 |

用料　挂面1把 · 番茄1个 · 鸡蛋1个 · 植物油少许 · 大蒜2瓣 · 盐、香葱末各少许

做法　**1** 热锅凉油，用切好的蒜片炝锅，倒入切好的番茄丁，翻炒变软。
2 倒适量水煮开。此时番茄皮已经脱离，可用筷子将其夹出不要。
3 水微开时下入挂面，用筷子轻轻拨动防粘连。面条煮到八成熟时，撒少许盐。
4 将打散的鸡蛋液淋在滚开的地方，待蛋花凝固，关火，撒香葱末即可。

烹饪秘籍

1 番茄皮可先行处理，在顶部划深一点的十字花刀，入开水锅烫15秒，可轻松剥皮。
2 水似开非开时下入挂面，面条成熟得快且根根分明。面条不要煮到全熟，八九成熟时关火，吃时恰到好处。

虾仁蛋丝菜心汤面

烹饪时间：20分钟 | **烹饪难度：简单**

早餐讲究快手、营养、简单但不将就。充分利用挂面的方便快捷，搭配鸡蛋、虾、青菜这些食材，用时短、味道香、高蛋白、低脂肪。早上吃一碗，一天都元气满满。

用料

挂面1把·大虾10只·鸡蛋1个·菜心4棵·植物油适量·盐少许·生抽少许·香葱末少许

做法

1 大虾剥壳去虾线，菜心清洗干净。

2 奶锅中倒适量油，小火加至温热，将虾头、虾壳入油锅慢炸微焦，虾壳、虾油分离备用。

3 煮锅和煎锅同时加热，煎锅中倒少许油，把打散的鸡蛋液倒锅中轻轻晃动，摊成鸡蛋皮。

4 鸡蛋皮切细丝。

5 取一个面碗，滴几滴生抽、刚炸的虾油、撒少许盐、香葱末，拌匀成料汁。

6 面条入微沸的水中，煮熟后将虾仁和菜心入锅，变色即捞入料汁碗中，铺上蛋皮丝即可。

烹饪秘籍

1 早餐吃可提前将虾剥壳，菜心洗净，炸好虾油，第二天就很省时了。虾壳炸完是酥脆的，可以当小吃食用，有很好的补钙效果。

2 可提前熬一锅骨头汤或者鸡汤，替换一部分面汤，营养更丰富。

北方人爱吃面食。我用小麦面粉和玉米面揉了块杂合面，为省事连擀面杖和案板都没用，直接用剪刀剪面条，边玩边做，说笑之间就把一顿简餐鼓捣完并吃上了。

用料

中筋面粉80克·细玉米面80克·鸡胸肉1块·番茄4个·青蒜4棵·盐适量·酱油适量·油适量

烹饪秘籍

1 玉米面要用细的，手摸无明显颗粒感的。用此方法可做其他杂粮面鱼儿。
2 面鱼的粗细决定了最后的口感，越粗越有嚼劲。

剪刀面

❙ 烹饪时间：30分钟 ❙ 烹饪难度：简单 ❙ ⊞ 适合做便当

扫码看视频
轻松跟着做

做法

1 中筋面粉、细玉米面、100毫升凉水同入盆中，揉成不软不硬的面团，盖盖子醒20分钟。

2 鸡胸肉顺着肉丝切薄片。番茄切粗条，青蒜白切段，青蒜叶切碎，蒜白、蒜叶分开放。

3 一手托面团，另一手持剪刀，随意剪出"面鱼儿"。

4 热锅温油，将鸡胸肉倒入锅中，迅速用铲子划散。

5 鸡肉变色后转大火，番茄入锅翻炒，依次加蒜白、盐、酱油拌匀。

6 炒菜的同时煮面鱼儿，全部浮出水面后捞出。

7 直接捞入鸡肉番茄锅中，快速翻拌均匀，起锅前撒青蒜末即可。

鸡腿土豆抻面

| 烹饪时间：30分钟 | 烹饪难度：简单

炖一锅鸡腿土豆，汤宽着点儿，味浓着点儿，再把柔软面片丢进汤里煮一煮，滋润柔软的"抻片儿"就好了。有肉有菜、有干有稀，是寻常百姓家百吃不厌的"片儿汤"。

用料

鸡腿1个 · 土豆1个 · 胡萝卜1根 · 青椒1个 · 韭菜1撮 · 大蒜1头 · 油少许 · 八角2颗 · 蚝油、盐各少许 · 酱油适量 · 柔软面团1块

烹饪秘籍

1 盐不要一次全部放入，可在最后尝尝咸淡再酌情放盐。

2 面团要柔软并充分醒制，才能抻得又薄又软。

做法

1 揉一块柔软的面团，盖盖子醒30分钟。

2 鸡腿洗净，剁成小块，洗去骨头渣，入锅中焯变色，捞出备用。

3 土豆、胡萝卜切滚刀块；青椒去蒂、去子、切块；韭菜切段。

4 锅中倒少许油，将八角和大蒜煸炒出香味，依次倒入土豆、胡萝卜、鸡块翻炒。

5 依次倒入酱油、蚝油、盐、热水没过食材，盖盖子，中火焖炖20分钟。

6 醒好的面团放在撒了面粉的案板上，擀成厚约3毫米的面片，用刀尖划出粗面片。

7 将面片抻长、抻薄，入汤中，面条熟后撒韭菜段、青椒块，关火即可。

猫耳朵是北方一道家常面食，因为形似小猫的尖耳朵而得名。用杂粮做的猫耳朵营养丰富，随手放几只大虾，居然有了海边的风味。

杂粮猫耳朵

| 烹饪时间：30分钟 | 烹饪难度：简单 | 适合做便当

扫码看视频，
轻松跟着做

用料

中筋面粉160克 · 玉米面80克 · 大虾数只 · 胡萝卜1根 · 青椒1个 · 油适量 · 大葱1段 · 酱油适量 · 盐少许

烹饪秘籍

1 玉米面缺少筋性，所以要搭配一部分小麦面粉，二者的比例可以是1：2，也可达到1：1。

2 配菜不限于这些，可根据喜好及四季调整。

做法

1 玉米面和小麦面粉以1：2的比例混合，逐量倒入130毫升凉水，用筷子拌成絮状。再揉成面团，盖盖子醒20分钟。

2 胡萝卜去皮、切小丁；青椒去蒂、去子、切丁；大葱切圈。大虾洗净，去虾线。

3 醒好的面团放在案板上，擀成厚约1厘米的面片，用擀面杖当尺子，用刮板将面皮划成均匀的面条。

4 撒适量玉米面防粘，将面条并拢，切成1厘米大小的面丁。

5 在寿司帘上将面丁搓成带螺纹的猫耳朵，没有寿司帘可搓成光滑的猫耳朵。

6 烧一锅水，水开后将猫耳朵入锅煮，煮到全部浮起来后捞出。煮猫耳朵时可同时炒菜。

7 炒锅中倒适量油，葱花炝锅，放胡萝卜丁、大虾、青椒翻炒变色，倒酱油、盐。

8 将煮熟的猫耳朵捞入菜锅中，翻炒均匀，上色入味即可关火。

南瓜面鱼儿

| 烹饪时间：30分钟 | 烹饪难度：简单 | 适合做便当

南瓜金黄的颜色，看一眼都觉得温暖，尤其在有些寒意的秋末冬初，心情也跟着愉悦起来了。用南瓜揉一块面，搓成面鱼儿，随手取材炒个浇头儿，荤素搭配，有滋有味。

用料

中筋面粉150克·南瓜100克·猪肉末100克·胡萝卜半根·青椒1个·茭白1根·油适量·盐适量·生抽适量·酱油少许

烹饪秘籍

1 由于面粉的吸水率和南瓜泥的含水量不同，可逐量加南瓜泥混合面粉。

2 擀面片和切面条时为防止粘连，可撒适量面粉。

做法

1 南瓜去皮、去子、蒸熟，用料理机打成糊，逐量倒入面粉中。

2 揉成光滑细致较柔软的面团，手指按面团能留下较浅的指坑。

3 将面团擀成厚约5毫米的面片，用刀切成筷子粗细的面条。

4 改刀切小段，撒面粉防粘。

5 面块放两掌之间，搓成两头尖尖的"面鱼儿"。茭白、青椒、胡萝卜切细丝。

6 热锅温油，将肉末炒变色，放入胡萝卜炒软，再倒茭白、青椒、盐、生抽、酱油炒匀。

7 面鱼入开水锅，煮到体积涨大、全部浮在水面，直接捞入菜锅里，开火翻炒1分钟即可。

晚餐来一碗滑溜溜、热乎乎的番茄汤粉，既开胃又能及时补充体内所需的水分。汤粉的饱腹感极强，还好消化。里面的配菜可随意搭配，可荤可素，可酸可辣。

番茄肉片汤粉

| 烹饪时间：30分钟 | 烹饪难度：简单

用料

干米粉300克·猪里脊1块·番茄3个·菠菜1把·大蒜1头·油适量·盐适量·酱油少许·淀粉1茶匙·料酒少许·辣椒油适量

做法

1 干米粉用凉水浸泡30分钟变软。另起锅烧水，水开后放入米粉，煮至无硬心，捞出过凉水。

2 里脊切薄片，放少许淀粉、盐、料酒抓捏上浆。番茄切小块，菠菜切两段，大蒜切片。

3 热锅温油，肉片和蒜片入锅迅速划散，倒酱油上色。

烹饪秘籍

1 米粉提前用凉水泡软，再煮就很快熟了。
2 米粉不易入味，所以汤料味道要浓重些。可用熬好的骨头汤、鸡汤来煮，味道更好。

4 番茄入锅翻炒变软、出汤。

5 倒适量水煮开，米粉入锅，撒盐调味。

6 起锅前放入菠菜，变色关火，将汤粉捞入碗中，淋辣椒油即可。

南瓜蔓越莓千层糕

| 烹饪时间：2小时 | 烹饪难度：中等 | 🔳 适合做便当

金灿灿的颜色和微甜的暄软口感惹人喜爱，再放两把酸酸甜甜的蔓越莓干，说是主食，其实更像是零食和小吃。做成千层糕状，一层一层揭着吃，充满了乐趣。

用料　中筋面粉200克 · 南瓜泥160克 · 干酵母2克 · 蔓越莓干80克 · 植物油适量

做法

1 中筋面粉、南瓜泥、干酵母先用筷子搅拌成絮状，再揉成较光滑的面团，蒙保鲜膜放温暖湿润处发酵。

2 待面团发到原来的2倍大，用手指蘸面粉在顶部戳个洞，不塌陷不回缩。

3 撒少许面粉，将面团揉光滑，用利刀切开，剖面没有明显的气孔。

4 擀成厚约5毫米的长方形面片，表面抹油，把一半切碎的蔓越莓干均匀铺撒在2/3的面片上。

5 从右向左折叠，用手轻轻按压，使蔓越莓碎帖服在面片上。

6 面饼90度旋转，擀成厚约7毫米的长方形面片。表面抹油，在中间均匀铺撒剩下的2/3的蔓越莓碎。

7 面片两边向中间对折，表面抹油，把剩余的蔓越莓碎铺撒在其中一个面片上。对折，轻轻按压，擀成厚约1厘米的面坯。

8 中间一切两半，再摞起来，轻轻按压，放入铺了蒸垫的蒸锅里。盖盖子发酵20分钟后开大火，上汽后蒸20分钟，关火闷5分钟出锅，切块食用。

烹饪秘籍

1　由于面粉的吸水率和南瓜泥的含水量不同，所以南瓜泥要适量添加。

2　蔓越莓干要切碎后使用，可在面片中分布均匀，且面片平整。

早餐甜咸三明治

| 烹饪时间：15分钟 | 烹饪难度：简单 | 适合做便当

扫码看视频，
轻松跟着做

三明治机越来越普及了，早起花几分钟就能吃上外酥里嫩的三明治。食材可甜可咸，可丰可俭，打破老三样，中餐的美味也能可劲儿往里放。

用料

吐司片8片 · 午餐肉2块 · 蜜红豆适量 · 红烧排骨4块 · 鸡蛋1个 · 奶酪1片

做法

1 使用三明治机。吐司片铺底，午餐肉切厚片码放中间，盖一片吐司。烤好取出。

2 吐司片铺底，上铺蜜红豆，盖一片吐司。烤好取出。

3 吐司片铺底，将去骨红烧排骨肉码放在中间，盖一片吐司。烤好取出。

4 三明治盘中滴几滴油，盖盖子将鸡蛋煎熟取出。

5 吐司片铺底，放煎蛋、奶酪片，盖一片吐司。

6 将盖子合上，加热2分钟，至上下焦黄酥脆。将全部三明治组合在一起即可。

烹饪秘籍

1 各品牌三明治机的功率不一样，加热时间和上色效果不一样，酌情调整时间。

2 如果吐司片太小，不能四周全部被压住，能确保两边或者三边被压住就行。

3 夹馅可多做创意，荤素甜咸均可，浆状、膏状的食材也可以入馅。

3

滋润养身的美味汤羹，

好学易做

酸汤肥牛

千万点击量

| 烹饪时间：20分钟 | 烹饪难度：简单

用料　肥牛300克·番茄5个·金针菇1把·香葱2棵·油适量·盐适量·白胡椒粉1克

做法　1　金针菇去根，洗净，分小撮；香葱洗净。肥牛室温下解冻后使用。番茄洗净，切小块。
2　热锅凉油，将番茄炒出汤，再倒适量水煮开。
3　汤开后，将金针菇均匀撒入锅中。
4　汤微沸时，将肥牛卷均匀铺撒在汤中，大火煮变色后撒盐、白胡椒粉、香葱末即可。

烹饪秘籍

1　加适量番茄酱可增加汤的红润度和浓稠度。白胡椒粉可酌情加入。
2　肥牛不宜久煮，变色即关火。还可换成羊肉片、鸡胸片、猪肉片，又成新菜。

用料　牛腩1000克·番茄3个·芹菜茎2根·大葱半棵·姜1块·八角1颗·香叶2片·盐适量·生抽少许

做法　1　牛腩洗净，切4厘米左右的块。番茄和芹菜茎洗净。姜切片，葱切段。
2　番茄洗净，切小块，去不去皮可随意。
3　牛腩块入凉水中煮开，撇去浮沫，将姜片、葱段、八角、香叶、3/4的番茄同入锅。
4　煮至肉烂汤鲜时，加入芹菜丁、剩下的番茄、盐、生抽、煲10分钟即可出锅。

烹饪秘籍

1　番茄选择味甜汁多的，可多放几个。
2　也可将番茄炒出浓汤再与焯水的牛肉混合。起锅前放少量番茄可使成品更好看。
3　芹菜茎不是必需的，可换成香葱、香菜等易熟且颜色鲜艳的蔬菜。

番茄牛腩汤

| 烹饪时间：1.5小时 | 烹饪难度：简单

说它是汤，它更像一锅菜，酸咸开胃，营养丰富。白嘴喝一碗也不觉咸，泡米饭、泡饼、浇面条也不觉得淡。牛肉软烂，豆腐丝柔软，老人孩子全都喜欢。

番茄牛肉豆腐丝汤

百万点击量

| 烹饪时间：1.5小时 | 烹饪难度：简单

用料

牛肉1000克 · 大番茄2个 · 豆腐皮2张 · 油少许 · 葱花少许 · 生抽少许 · 盐适量 · 香葱末少许

做法

1 牛肉洗净，切3厘米见方的块，焯水捞出。

2 番茄洗净，切小块。豆腐皮切细丝。

3 热锅温油，用葱花炝锅，放入番茄，煸炒出浓汤。

4 加牛肉翻炒。

5 倒入焯牛肉的净水，盖盖子，小火焖炖。

6 待肉烂汤浓时，放入豆腐丝、盐、生抽，焖炖10分钟，出锅撒香葱末即可。

烹饪秘籍

1 牛肉选用牛肋条、牛腰窝处的肉，肥瘦均匀，肉质较嫩。

2 焯牛肉时撇去浮沫，剩下的汤水清澈并富含水溶性营养物质，与番茄牛肉同炖味道更浓。番茄用量可多些，选肉厚、汁多、味酸甜的。

羊肉萝卜汤

烹饪时间：1.5小时 | **烹饪难度：简单**

用料 羊肋条肉600克 · 白萝卜半根 · 姜1块 · 大蒜5瓣 · 大葱半棵 · 白芷1片 · 白蔻2粒 · 香菜末少许 · 盐适量

做法

1 羊肋条肉切大块，洗净。白萝卜刮皮，切滚刀块。

2 羊肉入凉水锅中，水开后撇去浮沫。

3 姜、大蒜、大葱、白芷、白蔻放入汤中，盖盖子，小火焖煮40分钟。

4 待用筷子稍用力能扎透肉时，放入白萝卜，盖盖子，小火煮15分钟。

5 起锅前加盐调料，入碗中再加香菜末增色添香即可。

烹饪秘籍

1 羊肋条有少许筋膜，肉质鲜嫩，特别适合红烧或煲汤。

2 白萝卜可切小点儿的滚刀块，稍煮一会儿就能烂熟。

3 盐出锅前加入，可使羊肉口感软嫩，还能减少盐的摄入。

用料 羊肝1块 · 羊肚1块 · 羊肺1块 · 羊心1块 · 羊肠1段 · 芝麻酱2汤匙 · 盐适量 · 大蒜4瓣 · 香菜1棵 · 辣椒油适量

做法

1 买来的羊杂半成品洗净，分别切片、切粗丝。芝麻酱加凉开水、盐调成稀糊状。

2 大蒜剁碎，加少许凉开水浸泡；香菜切小段，辣椒油备好。

3 骨汤或凉水加热，水开后放入羊杂，加适量盐，煮5分钟。

4 将羊杂和汤汁盛入大碗，撒香菜段，淋蒜汁、芝麻酱、辣椒油即可。

烹饪秘籍

1 羊杂半成品需要里里外外洗净，以去除多余的调料味及杂质。

2 芝麻酱和大蒜末是点睛之笔，不能少。香菜段和辣椒油可视个人口味添加。

羊杂汤

烹饪时间：20分钟 | **烹饪难度：简单**

小巧可爱的玉米笋和腔骨、胡萝卜同煮，汤不但不油腻，反倒多了几分清甜。玉米笋连骨一起吃，脆嫩嫩的，很讨小朋友的喜欢，连胡萝卜也跟着被"青睐"了。

用料

猪腔骨800克·玉米笋6根·胡萝卜半根·盐少许

腔骨玉米笋汤

| 烹饪时间：1小时 | 烹饪难度：简单

做法

1 腔骨和玉米笋、胡萝卜准备好。

2 腔骨用清水淘洗两遍。

3 腔骨入凉水砂锅中煮开，撇掉浮沫。焖煮40分钟。

4 玉米笋和胡萝卜冲洗干净。

5 玉米笋一切4瓣，胡萝卜切滚刀块。

6 玉米笋、胡萝卜入汤中同煮20分钟，出锅前撒盐即可。

烹饪秘籍

1 腔骨即猪脊骨，煮开后撇浮沫可使汤清味浓。
2 玉米笋和胡萝卜味甜，所以此汤不宜放酱油，调料也不宜多放。

腔骨莲藕汤

| 烹饪时间：1小时　| 烹饪难度：简单

用料　腔骨900克 · 莲藕2节 · 姜1块 · 盐
　　　适量 · 香葱少许

做法　1 腔骨剁小块，洗掉骨渣，入炖锅煮
　　　开，撇沫，放切好的姜片。
　　　2 藕刮外皮，切滚刀块。
　　　3 腔骨煲至半熟时，放入藕块。
　　　4 待肉烂藕熟汤鲜，撒盐、香葱末，即
　　　可出锅。

　烹饪秘籍

1 腔骨焯水后再煲，味道淡且会造成部
分营养流失。撇开撇沫可保持汤品清澈。
2 藕不要太早刮皮、切块，以防氧化变
黑，入锅前再切。
3 口感糯的藕适合煲汤。脆藕适合生食
或炒食。

用料　猪脊骨300克 · 沙参4根 · 玉竹数条 · 莲
　　　子数颗 · 百合1撮 · 芡实1撮 · 薏米1撮 · 红
　　　枣4颗 · 怀山药干3片 · 盐、香葱末各
　　　少许

做法　1 猪脊骨剁小块，清洗干净，焯水备用。
　　　2 猪脊骨、除盐、香葱末以外的配料、适
　　　量水同入炖锅，隔水炖1小时。
　　　3 待肉烂汤鲜时，撒盐、香葱末即可。

　烹饪秘籍

1 煲汤配料用的是现成料包，品种和用量可
不限这些。
2 猪骨焯水，去除血沫等杂质，汤清澈不
浊。热水或焯骨的净汤都可煲汤。

猪骨广府
清补汤

| 烹饪时间：1小时　| 烹饪难度：简单

这汤太清香了，尤其适合没有胃口的夏天喝。有了排骨的"加持"，汤鲜味美不寡淡。加了丝瓜，清热祛燥效果不错。扔一把白玉菇，汤中又多了不少鲜味。

用料

猪排骨和脊骨共500克 · 丝瓜1根 · 白玉菇1把 · 姜3片 · 盐少许

排骨丝瓜蘑菇汤

┃ 烹饪时间：50分钟 ┃ 烹饪难度：简单

做法

1 排骨和脊骨清洗干净。

2 入水焯烫2分钟，避开浮沫捞出。

3 排骨、脊骨、姜片、足够量热水入炖锅，隔水炖40分钟。

烹饪秘籍

1 排骨、脊骨焯水，可避免在隔水炖时浮沫粘在食材上，并且汤品清澈。
2 丝瓜入锅前再切，防止氧化变黑。

4 丝瓜用刀刃刮掉外皮，白玉菇冲净。

5 入锅前将丝瓜切滚刀块，白玉菇切3段。

6 待肉烂汤鲜时，放入丝瓜、白玉菇炖10分钟，出锅前撒盐即可。

排骨萝卜汤

❚ 烹饪时间：1小时　　❚ 烹饪难度：简单

用料　排骨500克·白萝卜1棵·大葱1段·姜1块·草果2粒·盐少许·油菜心数棵

做法
1 排骨剁小块，冲洗净。入温水锅中煮开，撇净浮沫。姜切片。
2 将葱段、姜片、草果入锅中，小火焖煮30分钟。
3 白萝卜刮皮，切滚刀块。
4 白萝卜入汤中与排骨同炖，炖至汤鲜肉烂、萝卜软嫩，撒盐、放入油菜心，即可出锅。

烹饪秘籍

1 调料不宜多，葱姜即可，草果可放可不放。
2 萝卜皮如果干净可不刮掉，其富含矿物质及粗纤维，炖到熟烂，汤浓味香。
3 油菜心不是必需的，可换成香葱末。

用料　排骨数块·甜玉米1根·胡萝卜1根·姜4片·盐少许

做法
1 猪排骨清洗干净，焯水。
2 甜玉米清洗干净，胡萝卜刮外皮。
3 玉米切小段，胡萝卜切滚刀块。
4 三种材料和姜片、温水同入炖盅，隔水炖1.5小时，出锅撒盐即可。

排骨玉米
胡萝卜汤

❚ 烹饪时间：1.5小时　　❚ 烹饪难度：简单

烹饪秘籍

1 玉米要选择汁水多、味道甜、淀粉少的品种。
2 隔水炖受热均匀，可使汤清肉烂，直接炖也可以，但要注意全程小火。

用猪脊骨和玉米煲汤，既能吃肉啃玉米，又能喝上鲜美的汤。再加一把虫草花和几粒干贝，除了让这汤有阳光般灿烂的颜色，营养也更加丰富。

用料

猪脊骨800克·甜玉米1根·虫草花1撮·干贝1把·芡实1把·枸杞子1把·蜜枣1个·盐少许

猪骨玉米虫草汤

Ⅰ 烹饪时间：1.5小时　Ⅰ 烹饪难度：简单

做法

1 猪脊骨剁小块、洗净；玉米剥掉外皮和须子。

2 玉米用利刀剁小块。

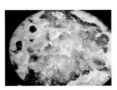

3 脊骨入温水锅中，大火煮开，避开浮沫捞出备用。

烹饪秘籍

1 排骨焯水后再用热水煲汤，可令排骨熟得快，汤品清澈。

2 虫草花不宜久煮，出锅前10分钟放入就可以了。

4 虫草鱼、芡实、大蜜枣、干贝、枸杞子准备好。

5 脊骨、玉米、干贝、芡实、蜜枣同入汤锅，倒足量热水，盖盖子，小火慢炖。

6 炖至肉烂汤鲜时，放入冲洗净的虫草花和枸杞子，煲10分钟，出锅前撒盐即可。

腔骨干贝萝卜汤

| 烹饪时间：1小时 | 烹饪难度：简单

腔骨骨多肉嫩，鲜美香醇。白萝卜汁水丰盈、口感清甜。而来自大海的干贝更是鲜味极品。此汤无须添加额外的调料，自带鲜甜，是夏冬季节清热、补水的美味汤品。

用料

白萝卜1根·猪腔骨1000克·干贝1把·盐适量·小葱1棵

做法

1 猪腔骨用凉水浸泡10分钟，干贝用凉水冲洗一遍，萝卜、小葱洗净。

2 腔骨入锅，放足够量的凉水。

3 大火煮开后撇掉浮沫，转小火，撒干贝，焖炖至肉烂。

4 白萝卜入锅前削皮，切滚刀块，如果皮干净则无须刮皮。小葱切末。

5 萝卜入汤中，小火焖炖20分钟。

6 出锅前撒盐、小葱末即可。

烹饪秘籍

1 这道汤是清甜白汤，不要放酱油等颜色重、味道浓的调料。

2 腔骨无须焯水，煮开后撇沫即可汤清如水。

腔骨即猪的脊骨，肉厚嫩，还带着骨髓，特别适合炖汤。加山药和猪肚同炖，肉烂汤浓。喝两碗汤，啃一块厚厚的腔骨肉，吃几块猪肚，再捞点山药，清鲜、舒坦、过瘾。

用料

腔骨4块·半熟猪肚半个·山药1段·姜1块·盐少许·香葱末少许

猪肚腔骨山药汤

| 烹饪时间：1小时 | 烹饪难度：简单

做法

1 备料：猪肚半个，腔骨4块，山药1段。姜切片。

2 用利刀将猪肚上的肥油去掉，改刀切大块。

3 腔骨、猪肚同入凉水砂锅中。

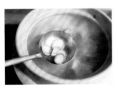

4 中火加热，水开后撇掉浮沫，姜片入锅，焖炖50分钟至肉和猪肚熟烂。

5 山药临进锅之前削外皮，切滚刀块。

6 山药入锅，撒少许盐，焖炖10分钟，撒香葱末即可。

烹饪秘籍

1 猪肚用处理干净且焯煮过的半成品，可节省时间。

2 这道白汤突出的是鲜香味，所以不放酱油。

3 山药不要提前刮皮、切块，以防氧化变黑。

薏米冬瓜大骨汤

| 烹饪时间：40分钟 | 烹饪难度：简单

用料 猪肉骨2根・带皮冬瓜1块・薏米1小碗・姜3片・盐适量・香葱末少许

做法
1 肉骨头2根，砍为两截，冲洗净。焯水去除多余的油脂。
2 薏米淘洗干净。冬瓜去子，切块。
3 将肉骨头、薏米、3片姜、足够量的热水入砂锅同煲。
4 待肉烂汤浓、薏米开花，放入冬瓜，煲10分钟，起锅前撒盐、香葱末即可。

烹饪秘籍
1 肉骨无须单独买，买肘子时将骨头剔下、砍断即可。也可用排骨代替。
2 薏米洗净，入锅煲汤，无须提前泡水。

用料 猪蹄1只・丝瓜1根・料酒少许・姜1块・盐少许・香葱末少许

做法
1 燎净猪蹄表皮上的细毛，剁小块，洗净。长丝瓜洗净。姜切片。
2 猪蹄焯水。另起炖锅，放适量热水，放入猪蹄、料酒、姜片同煮。
3 用刀刃刮掉丝瓜绿色表皮，临入锅前切滚刀块。
4 丝瓜入煲好的猪蹄汤中，焖煮5分钟，撒盐、香葱末，即可出锅。

猪蹄丝瓜汤

| 烹饪时间：1小时 | 烹饪难度：简单

烹饪秘籍
1 此汤清淡清爽，所以调料不要多，也不宜放酱油。
2 猪蹄富含胶原蛋白，焯水后再煲汤，可使汤色清澈、不油不浊。
3 猪蹄煲熟的时间根据火力来定，丝瓜于起锅前几分钟放入。

冬瓜的清热效果极好，平时可以多吃些。这道冬瓜肉丸汤用料简单，看似清淡，却有着冬瓜的清香，香嫩的肉丸又特别解馋，香葱末和几滴香油虽是点缀，却有画龙点睛的效果。

冬瓜肉丸汤

| 烹饪时间：25分钟 | 烹饪难度：简单

扫码看视频
轻松跟着做

用料

冬瓜1块 · 猪肉末250克 · 蚝油2汤匙 · 盐3克 · 白胡椒粉1克 · 淀粉2茶匙 · 香葱1棵 · 香油数滴

做法

1 猪肉末备好，冬瓜去皮、去子。香葱切末。

2 肉末中加蚝油、白胡椒粉、葱末、盐、淀粉、少许凉水。

3 将肉馅顺着一个方向搅拌成团。

4 冬瓜切成厚约6毫米的片。

5 将冬瓜片凉水下锅，大火煮开后转小火。

6 将肉馅用勺子辅助，边团成肉丸边入锅，待全部入锅后转大火，煮至丸子浮出水面，加香葱末、香油即可。

烹饪秘籍

1 猪肉末的肥瘦比例可为2：8或1：9，香嫩不油腻。

2 丸子中的咸味够了，所以汤中无须再放盐。

猪血菠菜汤

烹饪时间：15分钟 | **烹饪难度：简单**

春天的菠菜鲜嫩嫩的，除了拌、炒外，我还特喜欢用它煮快手汤。一红一绿的猪血菠菜汤，不放一滴油，鲜香爽口。柔嫩的菠菜，弹软的猪血，连喝两碗，可真舒坦。

用料

猪血1块 · 菠菜1把 · 淀粉2茶匙 · 盐少许 · 香葱末少许

做法

1 菠菜洗净，焯水，过凉水，攥干。

2 取适量菠菜，切小段。

3 淀粉加适量水，调成水淀粉。猪血切粗条。

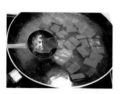

4 将猪血入凉水锅中，煮滚焯水，去腥气。

5 另起锅烧水，水开后放入菠菜、猪血，撒盐。

6 往锅中淋入水淀粉，煮至汤变透明，关火，撒香葱末即可。

烹饪秘籍

1 菠菜焯水能去掉大部分草酸。

2 猪血焯水可去掉残渣和腥味，汤品更清鲜。

这道快手汤菜开胃、美容、解馋。出锅前撒一把香菜，红绿白相间，煞是好看！喝一口汤，酸爽开胃。夹一片肉，入口即化。别看这肉片支棱着，用嘴一抿，立马化为肉末。

番茄蘑菇肉片汤

I 烹饪时间：20分钟 I 烹饪难度：简单

用料

大番茄2个·猪里脊200克·蟹味菇1把·螺丝辣椒1个·香菜2棵·油、料酒各少许·盐适量·淀粉1茶匙

做法

1 猪里脊切厚约2毫米的薄片，放少许淀粉抓捏上浆。

2 蟹味菇洗净、切段；辣椒去子、切小块；香菜洗净、切段。

3 番茄洗净，切小丁。

4 热锅凉油，将番茄翻炒出浓汤，倒半锅水烧开。

5 水开后，将蟹味菇入锅，无须等汤开，将火调到小火，将肉片放入汤中。

6 转大火，待汤沸腾后加料酒、撒盐，放入辣椒块、香菜段，混合均匀即可出锅。

烹饪秘籍

1 要想肉片切得薄而均匀，可先将肉块放冰箱冷冻成形再切。

2 保持汤似开非开的状态，将全部肉片都下锅后再转大火，可使肉片的嫩度保持一致。

菌菇鸡汤

| 烹饪时间：40分钟　|　烹饪难度：简单

用料 土鸡1只 · 褐菇5朵 · 大葱1段 · 姜1块 · 盐少许 · 香葱末少许

做法
1 土鸡清洗干净，用剪刀沿关节处剪成大块。姜切片，葱切段。
2 入凉水锅中，中火煮开后撇浮沫，放葱段、姜片，小火焖炖。
3 褐菇清洗干净，入锅前再切片。
4 煮至汤鲜肉烂时，褐菇片入汤煮5分钟，出锅前撒盐和香葱末即可。

烹饪秘籍

1 不一定要用褐菇，平菇、白玉菇、蟹味菇等均可。
2 鸡胸肉、鸡腿肉拆成细丝，加青红辣椒丝、黄瓜丝、香菜段等蔬菜，淋上蒜醋生抽辣椒油，就是凉拌酸辣鸡丝。

用料 三黄鸡300克 · 干香菇6朵 · 姜3片 · 枸杞子1小把 · 盐适量 · 香葱末少许

做法
1 备料：三黄鸡剁小块，洗去血水。干香菇用凉水泡软。
2 鸡块入凉水锅中，煮开后撇掉浮沫。
3 鸡块、香菇、姜片、焯煮鸡块的热水同入炖锅，隔水炖60分钟。
4 起锅前10分钟撒枸杞子、盐、香葱末，出锅即可。

烹饪秘籍

1 鸡块焯水可使汤清味浓，营养不流失。
2 枸杞子不宜早放，起锅前10分钟放，能保持鲜艳的颜色，营养也不被破坏。

香菇鸡肉汤

| 烹饪时间：80分钟　|　烹饪难度：简单

小芋头和鸡肉同煲，软糯香滑的口感让人一下子就爱上了这碗汤。加几片青菜，"一青二白"，看着都觉神清气爽。

芋头鸡汤

┃ 烹饪时间：1.5小时 ┃ 烹饪难度：简单

用料

土鸡半只·小芋头5个·小白菜1棵·姜1块·大葱1段·盐少许

做法

1 半只土鸡洗净，直接放锅里或者剁块煮均可。姜切片，葱切段。

2 水开后撇去浮沫，汤的鲜味和营养不流失。

3 姜片、葱段同入汤中，盖盖子，转小火焖炖30分钟。

4 小芋头去皮，冲洗干净；小白菜清洗干净。

5 小芋头进锅前切成滚刀块，小白菜切段。

6 煮至汤浓肉烂时，放入芋头焖炖15分钟，出锅前放小白菜，撒盐，混合均匀即可。

烹饪秘籍

1 鸡肉不焯水，只需撇浮沫，可使汤水清澈味浓。

2 水一次加够，中途如需加水要加热水，这样不会让蛋白质骤冷而导致肉质干柴。

干贝鸡汤

| 烹饪时间：1小时 | 烹饪难度：简单

煲一只鸡，既能喝汤，又能吃肉，喝不完的汤还能煮面条、煮菜。常喝鸡汤还能提高免疫力，尤其在季节交替时经常喝，效果更明显。放一把干贝同炖，鲜上加鲜。

用料

土鸡1只 · 干贝80克 · 鲜姜3片 · 盐适量

做法

1 整鸡里外清洗干净，去毛、去内脏。

2 用利刀沿着关节处将鸡剁块，鸡胸、鸡腿、鸡翅保留完整。

3 鸡块入砂锅中，倒足够量的水，中小火加热。

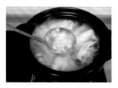

4 待汤煮开后，撇掉表面的浮沫。

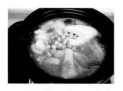

5 放姜片、干贝，小火同炖。

6 炖至肉烂汤鲜时，撒适量盐，混合均匀即可。

烹饪秘籍

1 可将完整的鸡胸肉、鸡腿肉放凉后撕成丝，放醋、盐、香油、香菜、辣椒等调料做成凉拌鸡丝。

2 一只鸡一次吃不完，可分两顿煲汤，或者一部分煲汤，一部分红烧。

老百姓的日常养生无须山珍海味，简单的食材巧加工，也是上得了台面的滋补品。最随手可得的就是鸡了。我喜欢用文昌鸡炖汤，其肉质紧致，久煮而不烂，汤鲜肉嫩。

用料

文昌鸡半只 · 胡萝卜1根 · 山药2小段 · 姜1块 · 盐少许

胡萝卜山药鸡汤

I 烹饪时间：1小时 I 烹饪难度：简单

做法

1 文昌鸡收拾干净，山药、胡萝卜洗净。姜切片。

2 剪掉鸡的趾甲，用利刀沿着关节处分成块，凉水淘洗2遍。

3 鸡块入凉水炖锅中。

烹饪秘籍

1 鸡肉易熟，大火煮开后慢炖，可将鲜味充分释放。

2 鸡汤一次不宜炖太多，以一次食用完为佳。

4 煮开后撇浮沫，放姜片，焖炖40分钟。

5 胡萝卜和山药进锅前削皮、切滚刀块。

6 将胡萝卜、山药放入鸡汤中，焖炖15分钟，出锅前撒盐即可。

山药松茸鸡汤

| 烹饪时间：1小时 | 烹饪难度：简单

这锅靓汤取材方便，几种常见食材巧搭配，汤品显得很精致，味道也着实鲜美。这汤讲究原汁原味，食材的鲜香味很突出，只需少许盐和香葱点缀一下。

用料

北京油鸡1/3只·姬松茸2颗·花旗参1撮·百合1撮·红枣1颗·桂圆、红莲子各4颗·玉竹2条·怀山药1根·盐、香葱末各少许

做法

1 油鸡收拾利索，用火燎光身上的小绒毛，冲洗干净。

2 将鸡剁小块，取适量焯水，放入炖锅。

3 姬松茸、花旗参等煲汤材料准备好，取图中1/2的用量。

4 山药削皮，切滚刀块。

5 将山药、煲汤料、足量水同入炖锅，隔水炖60分钟。

6 起锅前撒盐、香葱末即可。

烹饪秘籍

1 油鸡是煲汤佳品，但油脂较多，焯水能去掉部分油脂，汤中的油脂可用茶匙撇出，用来烙饼非常酥香。
2 汤料是现成的料包，材料和用量不限这些，可择其中几种即可。

冬天多喝汤，能有效补充体内水分，还能驱寒、滋养胃肠。这道猪肚鸡汤在广东沿海地区不但是酒席宴席的开胃汤，还是产妇坐月子必吃的佳品。

用料

猪肚半个·土鸡半只·白果1小把·姜1块·盐少许·白胡椒粉少许·醋、面粉各适量

猪肚白果鸡汤

I 烹饪时间：1小时 I 烹饪难度：简单

做法

1 生猪肚用醋和面粉反复搓洗掉黏液，冲洗干净后入凉水锅中煮5分钟。

2 将凉凉的猪肚一分两半，把网油中的淋巴结剔除干净。土鸡里外清理干净。

3 土鸡剁块，取半只入凉水锅中。大火煮开，撇掉浮沫。

4 半个猪肚切宽条。

5 白果焯熟，姜切大片。

6 将猪肚、姜片、白果入鸡汤中，大火煮沸后转小火，焖炖到肉烂汤鲜时撒少许盐、白胡椒粉即可。

烹饪秘籍

1 猪肚可用新鲜的，用半成品更省事。新鲜猪肚用醋和面粉搓洗并焯水可去除异味。

2 白果是银杏的果子，不可生食，烹饪熟后适量食用，成人每次食用不要超过10颗，5岁以下儿童和孕妇禁食。

红枣乌鸡汤

| 烹饪时间：50分钟　| 烹饪难度：简单

用料　乌鸡1只 · 红枣1把 · 姜1块 · 当归 10克 · 盐、香葱末各少许

做法
1　乌鸡里外清洗干净，剁大块。
2　红枣冲洗一遍，姜切片。
3　乌鸡、红枣、当归、姜片、适量凉水 同入电饭煲内胆。
4　用"煲汤"程序炖至肉烂汤鲜，撒 盐、香葱末即可。

烹饪秘籍

1　鸡肉无须焯水，可在煮沸后撇浮沫。
2　红枣、当归不是必需的，可用温和的 食材如枸杞子、党参等代替。

用料　老鸭半只 · 姜1块 · 盐少许

做法
1　半只老鸭去毛及脚掌上的老皮，洗净。 用利刀剁小块，下刀要稳准狠，避免太多的 骨渣。姜切片。
2　将鸭块用凉水淘洗两遍，入砂锅，倒足 量的凉水。大火加热，将涌起的浮沫撇掉。
3　撒几片鲜姜，盖上盖子，转小火慢炖。
4　炖至肉烂汤鲜，撒少许盐混合均匀即可。

烹饪秘籍

1　3年以上的老鸭，肉香骨硬，需要长时间 小火慢炖，无须过多调味，鲜香无比。
2　鸭肉不要焯水，撇掉浮沫即可，可保营养 无流失。

清炖老鸭汤

| 烹饪时间：1.5小时　| 烹饪难度：简单

扫码看视频，
轻松跟着做

夏冬两季我家特别爱喝这道汤，清清爽爽，冬瓜的清香让人心情舒畅，夏天补水祛湿气，冬天祛燥不心烦，食疗效果很不错。

用料

鸭腿2只·冬瓜适量·料酒少许·盐少许·姜3片·油菜心3棵

冬瓜鸭腿汤

┃ 烹饪时间：40分钟 ┃ 烹饪难度：简单

做法

1 鸭腿清洗干净。

2 鸭腿剁小块，在凉水中抓揉片刻，倒掉血水。

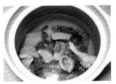

3 将鸭块入凉水锅中，煮开后撇沫，倒料酒、姜片。

烹饪秘籍

1 鸭腿煮开撇沫，汤清味浓，营养不流失。
2 冬瓜不宜早放，在出锅前15分钟左右入汤即可。
3 油菜心不是必需的，可撒香葱末增色添香。

4 冬瓜去皮、去子，切大块。

5 待鸭肉煮至九成熟时，放入冬瓜，煲熟后撒盐，加入油菜心略煮即可。

酸萝卜鸭汤

| 烹饪时间：1小时 | 烹饪难度：简单

如果买不到多年生的水鸭，用超市里的半片鸭做也一样好喝好吃，这点睛之笔就是酸萝卜。酸萝卜有开胃、去腥、通气的效果。这汤让人喝得浑身冒汗，里外通畅。

用料

酸白萝卜1根·鸭子半只·大葱半根·姜1块·盐适量·香葱末少许

做法

1 酸萝卜冲洗干净，鸭子去毛、洗净。

2 鸭子剁小块，入凉水中煮变色，避开浮沫捞出。

3 酸萝卜切粗条，用量可随萝卜的酸度和喜欢的口味调整。

4 大葱切段，姜切厚片。

5 鸭块、葱姜同入热水中，大火烧开后转小火。待鸭肉半熟时放入酸萝卜。

6 起锅前撒盐和香葱末即可。

烹饪秘籍

1 酸萝卜越煮汤越酸，而酸萝卜本身却久煮而不烂，所以可根据口味来调整时间。
2 用鸭腿代替半片鸭也可以。

柔软的鸭血、滑爽的粉丝、鲜咸的汤汁，这道享誉南北的小吃做法和用料都不难，却给人带来极大的满足感。自己动手做，虽然不正宗，却也吃得津津有味。

鸭血粉丝汤

百万点击量

| 烹饪时间：20分钟 | 烹饪难度：简单

用料

鸭血2盒·红薯粉丝2把·小葱1棵·香菜3棵·大蒜5瓣·豆腐辣酱1汤匙·藤椒1撮·浓缩鸡汤适量·油炸腐竹适量·盐、醋、植物油各少许

做法

1 鸭血2盒，切长条。红薯粉丝用温水泡软。

2 香菜切段，小葱切末，大蒜拍碎、剁末。

3 热锅温油，将蒜末、藤椒和豆瓣辣酱煸炒出香味和红油。

烹饪秘籍

1 豆腐辣酱有咸味，所以要少加盐。

2 浓缩鸡汤可用鲜鸡汤或者鸡粉代替。油炸腐竹不是必需的。

4 倒适量水煮开，将红薯粉丝入锅煮30秒。

5 鸭血入锅中，汤重新煮沸。

6 倒适量浓缩鸡汤，加入醋、盐、小葱末、香菜段，出锅后撒油炸腐竹即可。

鸽子山药汤

| 烹饪时间：1.5小时 | 烹饪难度：简单

用料 鸽子1只 · 山药3根 · 盐适量 · 姜 1块

做法
1 鸽子去毛、去内脏，剪掉趾甲，洗净，剁小块，清水淘洗一遍，洗去小骨渣。姜切片。
2 山药刮外皮，冲洗干净，切滚刀块。
3 鸽子、山药、姜片、适量凉水同入炖锅，隔水炖1.5小时。
4 起锅前撒盐即可。

烹饪秘籍

1 隔水炖汤，汤清肉嫩，食材形状不变样，营养不流失。如果直接加热，山药要后放。
2 山药可换成芋头、虫草花等食材。

用料 老鸽1只 · 虫草花1撮 · 红枣数颗 · 盐少许 · 黄酒少许

做法
1 老鸽里外洗净，剁成小块，淘洗一遍，去掉骨渣。
2 将鸽子块入凉水炖锅，煮开后撇沫，倒入黄酒。
3 新鲜虫草花和红枣冲洗干净。
4 出锅前30分钟加入红枣，出锅前10分钟加入虫草花，出锅前撒盐即可。

烹饪秘籍

1 鸽子无须焯水，煮开撇浮沫即可，加黄酒可去除腥味。
2 老鸽的肉和骨都硬，需要数小时煲煮才能烂，可用炖锅的预约或者保温功能。

老鸽虫草红枣汤

| 烹饪时间：2小时 | 烹饪难度：简单

鸽子既是名贵的美味佳肴，又是高级滋补佳品，民间有"一鸽胜九鸡"的说法。鸽子通常用来炖汤，我用隔水炖的方法，汤清澈鲜美，肉紧致耐嚼，而且不用担心溢锅。

清炖鸽子汤

| 烹饪时间：3小时 | 烹饪难度：简单

用料

乳鸽1只·姜1块·枸杞子20粒·盐少许

做法

1 乳鸽1只，清洗干净。姜切片。

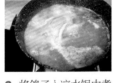

2 将鸽子入凉水锅中煮开，撇掉浮沫。

3 连鸽子带汤一起捞入炖盅，放入姜片、枸杞子。

4 隔水炖3小时，起锅前撒盐，混合均匀即可。

烹饪秘籍

1 鸽子入凉水中煮开，撇掉浮沫，用原汤同炖，既能保持汤汁清澈，又不会造成营养流失。

2 调料无须多，以防压住鸽子的鲜味。

巴沙鱼南瓜煲

| 烹饪时间：20分钟 | 烹饪难度：简单

扫码看视频，
轻松跟着做

南瓜融化在汤中，汤汁浓稠香滑，洁白柔嫩的巴沙鱼柳入锅即熟，整道汤微甜微咸，特别开胃，很适合老年人和小朋友。

用料

巴沙鱼柳1条·小南瓜半个·青蒜3棵·大蒜1头·淀粉适量·盐少许·蚝油少许·白胡椒粉2克·植物油少许

做法

1 巴沙鱼柳解冻，切1厘米左右的厚条。

2 甜糯小南瓜去皮、去瓤，切小块。青蒜切小段，大蒜切片。

3 热锅温油，用蒜片炝锅，再入南瓜块煸炒。

4 加适量热水，中火加热至沸腾。

5 将巴沙鱼块在淀粉中滚一下，放入热汤中。

6 待鱼肉全部变白成熟、汤汁浓稠透明，淋蚝油，撒盐、白胡椒粉、青蒜即可。

烹饪秘籍

1 巴沙鱼块放少许淀粉抓匀上浆或者滚淀粉入锅，可使鱼肉完整不碎还鲜嫩。前者汤清，后者浓稠。

2 南瓜宜选用甜糯口感的品种。

嫩嫩的巴沙鱼柳一点儿刺都没有，特别适合老人和小孩。雪白的巴沙鱼，红润的番茄汤，两种普通的食材碰撞出酸爽开胃的番茄鱼汤，不失为一道夏季开胃快手汤菜。

巴沙鱼番茄汤

| 烹饪时间：20分钟 | 烹饪难度：简单

用料

巴沙鱼柳1条 · 大番茄1个 · 油少许 · 盐少许 · 淀粉1茶匙 · 香葱末少许

做法

1 巴沙鱼柳提前解冻；大番茄选肉厚汁多、口味酸甜的。

2 巴沙鱼切拇指般的粗条，放少许淀粉抓揉均匀。

3 番茄去蒂、切块。

烹饪秘籍

1 鱼肉上浆可使鱼块入锅成型不散，口感嫩，还增加汤汁的浓稠度。

2 想要汤汁浓稠红润，番茄可以多放些，还可适量加番茄酱。

4 热锅温油，将番茄块煸炒出汤。

5 倒入两碗水煮开。

6 将巴沙鱼块依次入汤，煮至全部变色后，撒盐、香葱末即可。

开胃酸汤鱼

百万点击量

| 烹饪时间：30分钟 | 烹饪难度：中等

夏天的番茄汁水丰盈，口感微甜，用它煮锅浓汤做鱼片，真是太开胃了！鲜嫩的鱼片吃完再喝两碗汤，微微冒汗，一身的暑气都被驱走了。冬天煮一锅，更有开胃解腻之畅快。

用料

大番茄4个·草鱼1条（约1500克）·螺丝辣椒1个·大蒜1头·香葱2棵·泡姜1块·油、盐、淀粉各少许

烹饪秘籍

1　鱼片有3毫米厚，挂一层薄薄的淀粉，入锅不易碎，肉嫩完整。
2　辣椒可不放，撒少许白胡椒粉更开胃。

做法

1 草鱼去鳞、去鳃、内脏、腹内黑膜，洗净，两侧头尾处各划一刀。

2 切掉鱼头鱼尾，沿着脊骨将两侧的鱼肉取下来。

3 鱼皮朝下、鱼肉朝上，二连刀切薄片。

4 鱼片用凉水清洗2遍，捞出后撒少许淀粉拌匀上浆。

5 番茄切小丁。辣椒去子、切小块，大蒜切片，泡姜切片，香葱切末。

6 热锅温油，将番茄煸炒变软出浓汤，放蒜片、泡姜片与2碗热水煮沸。

7 将鱼片展开，快速入汤，再倒入辣椒块、香葱末，混合出锅即可。

汤汁乳白、味道鲜香的鲫鱼豆腐汤是一道传统汤品，开胃、滋补效果明显，全年都能喝，尤其适合春天食用，有提神、解乏的效果。浓浓的鱼汤入肚，人都觉得滋润了。

用料

小鲫鱼12条·豆腐1块·姜3片·油少许·盐少许·料酒少许·醋少许·白胡椒粉少许

鲫鱼豆腐汤

| 烹饪时间：1小时 | 烹饪难度：简单

做法

1 小鲫鱼洗净，刮鳞、去鳃、去内脏及腹内黑膜，擦干表面水分。

2 热锅温油，将鲫鱼码放在锅里，中火煎黄定形后煎另一面。

3 待两面煎至微微焦黄时，沿锅边淋少许料酒。

烹饪秘籍

1 想要鱼皮不破，可用不粘锅或被油充分浸润过的铁锅，鱼入锅先不要翻动，3分钟左右待鱼皮微焦黄时再翻身。

2 除了鱼皮要煎微黄外，加热水煮比加冷水能加快煮出浓白鱼汤的速度。

4 倒入适量热水，放入姜片。

5 盖盖子，小火焖炖至汤浓白，中途无须翻身。

6 豆腐块入锅，淋少许醋，焖炖15分钟，起锅前撒盐、白胡椒粉即可。

自制鱼丸汤

| 烹饪时间：40分钟 | 烹饪难度：中等

自己在家做鱼丸，用料放心，还能随自己的口味调味。用简单的几味调料就能做出雪白弹牙的草鱼丸，可汤可菜，也可直接吃。

用料

草鱼肉500克·鸡蛋清1个·猪肥肉丁50克·红薯淀粉30克·大葱1段·姜1块·盐10克·白胡椒粉5克·醋、香葱末、紫菜各少许

烹饪秘籍

1　草鱼中的小刺可用破壁料理机打得粉碎，普通料理机打不碎。
2　鱼肉中多加一点盐可促进鱼肉上劲。淀粉不要放太多，以免鱼丸缺少弹性。

做法

1 草鱼刮鳞、去鳃、去内脏，用利刀沿脊背划开，将两侧鱼肉片下来。

2 将鱼肉割下来并切小块。碗中加少许白胡椒粉、盐、香葱末、紫菜末、几滴醋，备用。

3 葱姜切丝，用少许凉水浸泡，用手抓捏几下，使葱姜汁更好地渗透出来。

4 将鱼肉块、鸡蛋清、肥肉丁、白胡椒粉、盐倒入料理机，逐量倒入葱姜水，将鱼肉打成细腻且浓稠的鱼肉泥。

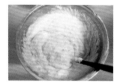

5 将鱼肉泥倒入大盆，添加红薯淀粉，用手抓起鱼肉泥，用力在盆中摔打上劲，至表面泛光。

6 起锅烧水，保持微沸，手握鱼泥，从虎口处挤出丸子，用茶匙蘸水将其取下入锅。

7 全部丸子入锅后，转中火煮5分钟至鱼丸浮起，连汤盛入步骤2中加好调料的碗中即可。

粉白弹牙的虾丸、鲜嫩碧绿的菠菜，清淡素雅、鲜美营养，这道汤菜特别适合春夏食用，每一口都温暖又滋润，清新又爽口。

用料

新鲜虾肉250克·猪肥肉50克·菠菜1把·盐适量·香葱1棵·香油数滴

虾丸菠菜汤

百万点击量

Ⅰ 烹饪时间：20分钟 Ⅰ 烹饪难度：简单

做法

1 新鲜大虾洗净，剥壳去虾线；再准备一小块猪肥肉。

2 菠菜洗净，切段，焯水，过凉水备用。香葱切末。

3 虾肉、猪肥肉、香葱末、盐放入绞肉机，绞成细腻的虾泥。

4 烧水，保持微沸状，将适量虾泥在左右手倒几下成球状，轻轻放入水中。

5 全部虾丸入水后转中火，待全部浮起且明显胀大，放入菠菜，加盐、香油，即可出锅。

烹饪秘籍

1 纯粹的虾肉口感较干，放一点肥肉起润泽香嫩的作用。虾丸中不放淀粉和鸡蛋。

2 菠菜中的草酸含量较多，会影响体内钙的吸收，焯水后可去除大部分草酸，口感还不涩。

丝瓜虾仁汤

| 烹饪时间：10分钟 | 烹饪难度：简单

用料 大虾1盘 · 丝瓜4根 · 姜1块 · 油少许 · 盐少许

做法
1 大虾洗净、剥壳，用牙签从后背第三节处挑出虾线，冲洗净。姜切末。
2 用刀刃将丝瓜绿皮刮掉，切滚刀块。
3 热锅温油，放入姜末煸炒出香味，将丝瓜入锅，加少许盐炒软。
4 加水烧开，虾仁入锅中，煮到虾身卷曲，颜色变红，出锅即可。

 烹饪秘籍

1 丝瓜不要太早切块，防止氧化变黑。
2 虾仁用现剥壳的，口感比现成虾仁要好。
3 也可以不用油炒，直接将丝瓜煮软后再放虾仁，清爽清甜。

用料 大米1碗 · 大虾6只 · 胡萝卜半根 · 芹菜茎2根 · 香葱2棵 · 盐2克 · 白胡椒粉2克

做法
1 大虾去壳，挑去虾线，切成花生米大小。
2 胡萝卜削外皮，切小丁；芹菜茎、香葱切末。
3 大米入砂锅中，加适量凉水，大火煮开后改小火，中途搅拌几次，熬到黏稠且表面有一层米油。
4 依次倒入虾粒、胡萝卜丁、芹菜丁、盐、白胡椒粉，搅拌30秒，关火，撒香葱末即可。

大虾蔬菜砂锅粥

百万点击量

| 烹饪时间：40分钟 | 烹饪难度：简单

扫码看视频，轻松跟着做

 烹饪秘籍

1 绵粥要熬到表面出现一层米油时才香，除了用砂锅，还可以用电饭煲等锅具。
2 有水产品的粥里加一点白胡椒粉，有去腥、提鲜、驱寒的效果。

相比米饭来说，粥的吸收速度更快一些。粥里放几只大虾、一碗青菜末，口感清新又鲜美，营养全面又滋润。

大虾青菜粥

百万点击量

| 烹饪时间：40分钟 | 烹饪难度：简单

用料

大米1杯 · 大虾6只 · 球形生菜叶3片 · 香葱1棵 · 盐1克 · 白胡椒粉1克 · 植物油1茶匙

做法

1 大米淘洗两遍，入煮锅，倒入凉水浸泡15分钟，大火煮开，转中火。

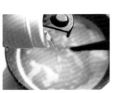

2 水开后点几滴植物油，锅盖遮住锅顶一半，可防溢锅。

3 生菜、香葱和大虾洗净。生菜切碎，香葱切末。

4 大虾挑去虾线，剪掉虾须和虾枪。

5 待粥熬到满意程度时，将大虾入锅煮2分钟。

6 依次加盐、白胡椒粉、生菜碎、香葱末混合均匀，关火即可。

烹饪秘籍

1 时间充裕可用凉水浸泡大米15~30分钟，熬出的粥软糯、黏稠、口感好。
2 煮粥时加几滴油，可防溢锅，还能增加粥的光泽度。

丝瓜干贝汤

I 烹饪时间：15分钟　I 烹饪难度：简单

用料　长丝瓜2根 · 干贝1把 · 油少许 · 葱花少许 · 盐少许

做法　1　干贝用凉水冲洗2遍，再用少许凉水浸泡20分钟。
2　长丝瓜洗净。用刀刃将丝瓜绿皮刮掉，切滚刀块。
3　热锅温油，用葱花炝锅，丝瓜入锅翻炒2分钟。
4　干贝和泡干贝的汤同入锅，添适量水，煮沸，撒少许盐拌匀即可出锅。

 烹饪秘籍

1　干贝经过泡发非常鲜嫩，把泡干贝的汤一起煮汤，无须添加其他调料。
2　不宜用铁锅，否则会让丝瓜很快变黑，可用不粘锅、砂锅、耐高温玻璃锅、不锈钢锅等。

用料　丝瓜1根 · 白蛤500克 · 盐2克 · 香油几滴

做法　1　蛤蜊提前数小时泡淡盐水，滴少许香油，促进吐沙。
2　蛤蜊外壳用刷子刷净，入开水锅中煮到全部张嘴，捞出，汤倒出静置，使泥沙沉底。
3　撇干净的蛤蜊汤另入锅。丝瓜刮掉绿皮、切滚刀块，入锅煮软。
4　将蛤蜊回锅，加盐，混合均匀即可。

 烹饪秘籍

1　白蛤是蛤蜊的一种，也可换做花蛤、蛏子等。
2　蛤蜊即使清洗得再干净也有少量泥沙滞留体中，所以焯煮后静置一会儿，取上面干净的汤水使用。

丝瓜蛤蜊汤

I 烹饪时间：15分钟　I 烹饪难度：简单

酸溜溜、红彤彤的番茄浓汤，洁白脆嫩的金针菇，10分钟就做好的开胃浓汤，不分四季，专治"没胃口"。

番茄金针菇浓汤

| 烹饪时间：10分钟 | 烹饪难度：简单

用料

番茄2个 · 金针菇1把 · 香葱1棵 · 大蒜2瓣 · 盐少许 · 油少许

做法

1 大番茄，切小丁。大蒜、香葱切末。

2 金针菇洗净，泡凉水10分钟。切掉根部，分成1缕缕。

3 热锅温油，用蒜末炝锅，倒入番茄翻炒至出汤。

烹饪秘籍

1 金针菇挑选菌盖半球形的，菌柄长度15厘米左右为佳。

2 番茄选择肉厚且汁水丰盈的，要炒出浓汤才好吃。

4 倒入适量水，撒少许盐，煮沸。

5 将金针菇均匀铺在汤里，大火煮2分钟，出锅前撒香葱末即可。

香甜五红汤

| 烹饪时间：20分钟 | 烹饪难度：简单

用料　红枣10颗 · 红豆30克 · 花生米20克 · 枸杞子10克 · 黑糖1块

做法

1 把除黑糖之外的材料放一起，用凉水冲洗两遍，去掉浮尘。

2 将红枣、花生米、红豆、枸杞子放入养生壶中，加700毫升凉水，煮到食材膨胀，用勺子一压能压烂。

3 加入黑糖，煮至黑糖完全溶化即可食用。

 烹饪秘籍

1　五红汤的材料用量不固定，可稍做调整，但以用料表中5种组合更佳。

2　材料无须泡水，直接小火煮即可，用养生壶比普通煮锅更省心，还有保温功能。

3　这壶汤可不断续水，需一天内食用完，一人食可减量煮或者多人分食。

用料　梨1只 · 藕2节 · 荸荠8个 · 干桂花少许

做法

1 藕洗净，去皮，切大块。梨洗净，去皮、核，切丁。荸荠洗净，去皮、切丁。

2 三种材料放入破壁料理机中，倒入适量凉水。

3 盖盖子，通电，选"米糊"程序。

4 完成后倒入碗中，撒少许干桂花即可。

烹饪秘籍

1　藕和荸荠都富含淀粉，所以这道养生羹做好后会比较浓稠。

2　这道羹也可以不加热饮用，清热去火效果更为明显，但藕要选择两端无破口、内部洁白的才能生食。

藕梨荸荠桂花羹

| 烹饪时间：15分钟 | 烹饪难度：简单

南瓜栗子蛋花汤是一道香甜软糯的中式甜品，特别适合秋冬季节食用，不但能及时补水，还有补中益气、健脾养胃的效果。

用料

南瓜1块 · 栗子仁20颗 · 糯米粉100克 · 鸡蛋1个 · 醪糟100克 · 干桂花少许

南瓜栗子蛋花汤

| 烹饪时间：15分钟 | 烹饪难度：简单

做法

1 南瓜、栗子、糯米粉、鸡蛋、醪糟准备好。

2 南瓜去皮、切丁。鸡蛋磕入碗中，加少许凉水，打散备用。

3 糯米粉加适量温水揉成面团，取适量，搓成小圆球。

烹饪秘籍

1 糯米粉较吃水，水量几乎和粉量等量，可逐量加温水揉成团。

2 醪糟不宜久煮，起锅前放入汤中既能保持风味，又不会让酒精过度挥发。

4 煮锅中倒适量水，将南瓜丁和栗子仁入锅中煮开。

5 待栗子煮熟但未软糯时，放入糯米丸子，煮至浮出水面时倒醪糟。

6 微沸时淋入鸡蛋液，待蛋花浮出水面时关火，撒干桂花即可。

栗子松子南瓜羹

| 烹饪时间：20分钟 | 烹饪难度：简单 |

南瓜和栗子是秋冬季节的主角，金灿灿的颜色宛如阳光般温暖，香甜软糯的口感也让人为之着迷。加把松子仁打成糊糊，是一道自带甜味和浓香的养生汤羹。

用料

甜糯南瓜1块 · 栗子10颗 · 山药1段 · 松子仁半小碗 · 青豆山药泥少许

做法

1 食材准备好，南瓜和山药选择口感糯的。栗子剥皮。

2 南瓜和山药分别去皮、切小块。

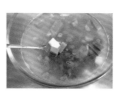

3 将南瓜、山药和栗子仁煮熟。

4 将南瓜、山药、栗子仁连汤放入料理机，加入大部分松子仁，打成糊。

5 将打好的糊糊倒入汤盆中，表面用松子仁和青豆山药泥做装饰即可。

烹饪秘籍

1 如果用可加热的破壁料理机或者豆浆机，可省去蒸煮的过程。

2 食材自带甜味，是否加糖可根据个人口味调整。

3 表面的装饰可有可无。用青豆山药泥或淡奶油在表面滴几滴，再用干净牙签一划，即出心形花纹。

CHAPTER 4

撩人的小食和点心，

解馋解压

牛肉干

| 烹饪时间：2小时 | 烹饪难度：简单

外卖的牛肉干太贵，自己做可就实惠多了。用牛臀部的瘦肉做牛肉干，甜咸香辣，味道全凭自己喜欢。货真价实的解闷儿补能量的小零食有了！

用料

牛臀肉800克 · 八角2颗 · 花椒1撮 · 栀子2颗 · 柚子干1片 · 香叶5片 · 姜1块 · 大蒜5瓣 · 草果2个 · 干红辣椒8个 · 良姜1块 · 白蔻数粒 · 盐15克

做法

1 牛肉先切厚片，再切2指厚的粗条。

2 牛肉条和凉水同入锅中，大火煮开后撇沫。

3 所有的卤料入锅，盐量比平时炖肉时要多放。

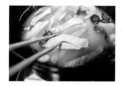

4 待肉块能用筷子轻松扎透，关火，闷3小时，使肉条充分入味。

5 将牛肉条码放在干果机里，80℃烘2小时，或者烤箱热风循环功能，80℃烤2小时。

6 待牛肉干的大部分水分蒸发，肉干有少许弹性且干燥，放凉后入袋保存。

烹饪秘籍

1 牛臀肉肉嫩、筋少、纹路清晰，最适合做牛肉干。
2 想要麻辣味等多口味的，可将麻椒粉、辣椒粉与少许蜂蜜、芝麻同拌，将卤好的牛肉干裹料后风干。

芋头泥和红薯淀粉包成的大圆子外观看像大汤圆，咬开后可真是"别有洞天"。滑溜溜的外皮配上香嫩多汁的肉馅，连汤吃了一大碗，从里到外透着一个舒坦。

红薯芋头肉圆

| 烹饪时间：40分钟 | 烹饪难度：中等

用料

小芋头10个·红薯淀粉150克·猪肉末150克·小葱5棵·生抽、蚝油各2汤匙·盐、白胡椒粉各2克

烹饪秘籍

1　红薯芋头面团缺少筋性，捏成碗状好包馅。全程需用保鲜膜盖住剂子防水分蒸发。可手指蘸凉水将圆子上的小裂纹抹平。

2　肉馅不要打太多水，防止馅太软包不住，或者在煮之前塌皮。

做法

1 芋头洗净，削皮、切块，入锅蒸20分钟，至筷子能轻松扎透。

2 芋头压成泥，逐量加红薯淀粉，揉成团，用手指按压有浅坑。

3 肉末中倒生抽、蚝油、盐、小葱末、白胡椒粉、少量水，混合均匀。

4 面团搓细长条，切剂子，用手捏成小碗状，取适量馅料放中间。

5 将周围面皮向中间聚拢，边转边收口，封口捏严。

6 圆子外面滚一层淀粉，彼此间留距离防粘连。

7 将圆子入开水锅中，大火煮到全部浮起来且体积膨胀即可出锅。

8 想吃清淡的就原汤入碗，想吃酸辣的可在碗里倒生抽、醋、辣椒油。

香辣卤鸭翅

| 烹饪时间：40分钟 | 烹饪难度：简单 | 🍱 适合做便当

用料 鸭翅1500克·八角4颗·花椒1撮·桂皮1块·干红辣椒8个·栀子1个·良姜1块·草果2颗·姜1块·大蒜1头·香叶4片·冰糖1把·料酒、酱油各适量·盐2茶匙

做法
1 鸭翅上的小毛用火燎光，清水冲洗干净。
2 调料准备好，种类和数量不限这些，可根据口味调整。
3 鸭翅入凉水锅中，煮开后撇浮沫，再将所有调料倒入锅中，盖盖子煮20分钟。
4 鸭翅泡汤里2小时至充分入味再捞出。

烹饪秘籍

1 冰糖可增加鲜味并使鸭皮表面光亮，想吃麻辣的可增加麻椒。
2 焖炖时间根据锅子的密封效果调整，可夹一只鸭翅品尝，如能轻松把肉啃下来就关火浸泡。

用料 藕2节·糯米适量·红糖50克·干桂花少许

做法
1 糯米提前4小时凉水浸泡。两节藕洗净，削外皮，两端用刀修理干净。
2 在藕的一端3~4厘米的地方切一刀。将泡好的糯米塞进藕洞里，两段藕都填满糯米。
3 将两段藕重新拼接在一起，再用牙签扎结实。
4 糯米藕、红糖、热水同入电饭煲，焖煮1小时，再浸泡数小时，取出切片，撒干桂花即可。

红糖糯米藕

| 烹饪时间：1小时 | 烹饪难度：简单

| 🍱 适合做便当

烹饪秘籍

1 藕要选择两端封口的，确保孔洞中无污染。
2 红糖可用白糖代替，或者直接清水煮，切片后淋蜂蜜或者桂花糖浆均可。
3 糯米藕焖炖的时间越长，口感越糯，电饭煲、煮锅均可。

八宝饭是汉族传统名点，各地的配方大同小异，但都以糯米为主料。其味道甜美，寓意美好，腊八或者过年时蒸一碗，很有气氛。

八宝饭

| 烹饪时间：40分钟 | 烹饪难度：简单

用料

糯米300克·红豆沙、桂圆干、葡萄干、红小豆、花生米、莲子、红枣、白糖、猪油各1汤匙

做法

1 糯米淘洗净，用凉水浸泡4小时后焖熟。去心莲子、花生米、红小豆浸泡、煮熟。

2 葡萄干、桂圆肉用少量水泡软，红枣去核、切条。

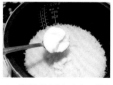

3 焖熟的糯米中加适量白糖、猪油，拌匀。

烹饪秘籍

1 加少许白糖和猪油，可使糯米饭香甜油润好脱模。猪油可换成色拉油等无色透明的植物油。

2 八宝并不限于这些，可根据喜好进行调整。摆造型更漂亮。

4 准备两个碗，内壁抹猪油便于脱模，将桂圆肉和葡萄干铺底，取一团糯米饭轻轻按压在果肉上，再用红豆、花生米、红枣条、莲子等摆出造型。

5 填入糯米后再填入红豆沙，边缘可用红豆等再做造型。

6 将剩下的糯米铺在顶部，抹平，入蒸锅中蒸30分钟。出锅后倒扣即可。

咸香豆腐脑

百万点击量

| 烹饪时间：20分钟 | 烹饪难度：中等

北京的豆腐脑细腻嫩滑，浇上咸卤吃着顺口还不酸心。早上来一大碗，就着油条、油饼或者大包子，舒坦！

用料

干黄豆100克 · 葡萄糖内酯3克 · 水发香菇5朵 · 水发黄花菜1撮 · 水发木耳1把 · 油、盐各少许 · 酱油适量 · 淀粉2汤匙 · 香葱1棵

烹饪秘籍

1 打豆浆的水在900~1000毫升，可使豆腐脑嫩滑。葡萄糖内酯不要多放，否则口酸。

2 豆浆冲入盆中后会有浮沫，可撇掉让表面光滑如镜。

3 如需早餐食用，黄豆和干货要在头天晚上浸泡。

4 过滤出来的豆渣可加适量油炒青菜。也可与面粉混合蒸馒头。

做法

1 干黄豆凉水浸泡数小时，把泡豆子的水倒掉。湿黄豆加900~1000毫升凉水，用破壁料理机打成豆浆。

2 用纱布将豆浆过滤出来。入小锅，小火加热，完全煮沸3分钟，不时搅拌防煳锅。

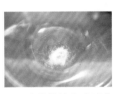

3 3克葡萄糖内酯用少许凉水融化。香葱切末备用。

4 豆浆离火凉2分钟，冲入葡萄糖内酯融液，不要搅拌，盖盖子静置10分钟，成豆腐脑。

5 木耳切细丝，香菇切小丁，黄花菜切小段。淀粉加适量凉水成水淀粉。

6 热锅温油，水发干货入锅翻炒，依次放盐、酱油、泡香菇水、清水，中火煮开后淋水淀粉，沸腾后关火，成咸卤。

7 舀适量豆腐脑入碗中，浇上咸卤，撒香葱末即可。

"弹牙滑爽、酸辣开胃"，一提到凉粉，这几个词立马蹦出来了吧？1杯淀粉6杯水，自己在家就能做出滑爽筋道的美味凉粉，成本不高，热量不高，吃着倍儿过瘾。

豌豆凉粉

| 烹饪时间：15分钟 | 烹饪难度：简单

| 适合做便当

用料

豌豆淀粉1杯 · 黄瓜1根 · 香葱2棵 · 大蒜1头 · 小米辣2个 · 醋适量 · 生抽、盐各少许 · 辣椒油适量

烹饪秘籍

1 1杯淀粉+6杯凉水，指的是容量而不是重量。如果用绿豆淀粉需要1杯淀粉+7杯凉水。

2 凉粉不宜在冰箱久放或过夜，时间越久，淀粉老化的速度越快，最后就失去了透明感和弹性。

做法

1 1杯豌豆淀粉和1杯凉水同入大碗中，混合成水淀粉。

2 5杯凉水入煮锅中，大火煮到微沸状，转小火。

3 将水淀粉重新搅拌均匀，缓慢倒入开水锅中，边倒边搅拌，直到淀粉糊变成透明状。

4 将淀粉糊倒入保鲜盒中，稍凉，盖盖，室温冷却凝固或入冰箱冷藏1小时快速降温凝固，但不宜超过6小时。

5 黄瓜切丝。大蒜拍碎剁末，香葱切末，小米辣切圈。醋、生抽、盐、辣椒油入碗中混匀成料汁。

6 凝固结实的豌豆凉粉轻松脱模，先切厚片再切长条。刀上抹凉水可防粘连。

7 取一深盘，底部垫黄瓜丝，上码凉粉条，撒葱蒜末、辣椒圈，浇料汁即可。

咸蛋黄鲜肉粽

百万点击量

| 烹饪时间：1.5小时 | 烹饪难度：中等 | 适合做便当

北方的甜粽子多是当点心吃，而南方的咸粽可以当主食。加了咸蛋黄的鲜肉粽，吃起来不但有肉的鲜美和油润，更有咸蛋黄的浓郁气息，特别是金色的蛋黄嵌在白米红肉中，宛如小太阳一样夺目。

用料 圆粒糯米1000克·带皮猪五花肉800克·咸蛋黄12颗·酱油适量·蚝油适量·生抽适量·盐5克·白糖20克·粽叶适量,棉绳适量

做法

1 五花肉切大丁,用酱油、蚝油、生抽、盐、白糖腌数小时。糯米和干粽叶泡凉水3小时。

2 糯米沥干水,倒适量酱油、蚝油调色入味。

3 3张粽叶叠放,手托粽叶,依次放糯米、五花肉、咸蛋黄。

4 再盖一层糯米。

5 将中间的粽叶从下向上折,盖住糯米和肉块。

6 两侧的粽叶向中间对折。

7 剩下的粽叶分别向上下对折,成一个严实的小包裹,用棉绳牢牢捆住。

8 包好的粽子放凉水锅里,全部包好后用大火焖煮1小时即可。

烹饪秘籍

1 糯米和干粽叶充分浸泡后再用。

2 肉块提前腌制更入味,如能过夜腌更好。

豆沙粽子

扫码看视频，
轻松跟着做

| 烹饪时间：1小时 | 烹饪难度：中等 | 适合做便当

北方人喜食甜味粽子，包入红枣、豆沙、蜜豆就是甜蜜蜜的小点心。每年端午节，母亲和我都要包上两大锅粽子，尤以红豆沙馅为最爱。

用料

圆粒糯米500克·红豆沙500克·粽叶适量·棉绳适量

烹饪秘籍

1　糯米充分吃透水，煮出来的粽子更软糯。
2　干粽叶要充分泡透才柔软有弹性，包时才不破。
3　粽子的包法和形状有很多种，可按自己喜欢的手法来包。

做法

1 糯米洗两遍，凉水泡透。红豆沙自制或买现成的均可。干粽叶提前用凉水泡至柔软有弹性。

2 两片叶子叠在一起，剪掉叶柄和叶尖，围成漏斗形。底部要折叠，不能有空隙。

3 舀一勺糯米，再舀一勺豆沙。再放糯米将空余处填满，按压瓷实。

4 捏住顶部宽处形成三角形，叶片折下来盖住米，捋成三角形，两边多余的叶片向下折，形成盖子。

5 顺势将叶子按着三角形的形状折过去。将尾部的叶片剪掉。

6 用棉绳将粽子拦腰绕几圈，封口处打结。

7 每包好一个粽子就放在凉水锅里，全部包完后大火煮1小时左右即可。

小巧秀气的蜜豆锥子粽，既应景，又不至于太贪嘴而让减肥计划"破产"。粽子根据不同馅料包成不同形状，还能按需选择。加了蜜豆的锥子粽，香甜软糯，竟然有种水晶粽的透明感。

蜜豆锥粽

| 烹饪时间：1小时 | 烹饪难度：简单 | ⊞ 适合做便当

扫码看视频，
轻松跟着做

用料

圆粒糯米800克 · 蜜豆500克 · 粽子叶适量 · 棉绳适量

烹饪秘籍

1 圆粒的糯米比长粒的更黏更糯。蜜豆用自制或者买现成的均可。

2 用高压锅、普通煮锅或者电饭煲均可煮粽子。

做法

1 糯米和干粽叶用凉水浸泡3小时以上。取一片粽叶，两边对折一转成锥形。

2 插一根筷子，先舀少许糯米扎瓷实。

3 再用蜜豆和糯米填满锥形筒，将材料按压结实。

4 用拇指和食指攥紧，将叶子盖下来。

5 顶面捏成三角形，剩余的叶片顺势围过去。

6 用棉绳将粽子捆绑结实。

7 包好的粽子放在凉水锅里，全部包好后大火煮40分钟即可。

南瓜玉米蔓越莓煎糕

| 烹饪时间：1.5小时 | 烹饪难度：简单 | 🍱 适合做便当

这款粗粮细做的小点心自带南瓜的清香和甜味，以及蔓越莓干的酸甜。略带酥脆口感的饼底，初尝有点粗糙，但越嚼越香，更显本真的味道。

用料

玉米面150克·中筋面粉50克·南瓜泥100克·鸡蛋1个·牛奶适量·白糖8克·酵母3克·蔓越莓干50克·植物油适量

做法

1 将除牛奶和蔓越莓外的全部材料入大碗，逐量加牛奶。

2 调至面糊不干不稀，舀起能缓慢落下，蒙保鲜膜在温暖湿润处发酵。

3 待玉米面糊发至2倍大。

4 加入切碎的蔓越莓干，搅拌均匀。

5 6圆盘刷油加热，面糊入盘8分满，表面用勺子抹平，盖盖子加热3分钟。

6 翻面煎2分钟后，再翻一次面，待两面金黄诱人，即可出锅。

烹饪秘籍

1 玉米面没有筋性且口感粗糙，需使用细细的玉米面，加少许小麦面粉可使饼不散不裂。

2 经过发酵之后，饼更加暄软且有发酵的香气。

3 用蒸的方法也可以，虽然口感不同，但能减少油脂的摄入。

小时候特爱吃绿豆糕，口感甜、细、干，吃得快还容易噎着，所以旁边必备一杯凉白开，不时喝两口。现在的绿豆糕多是南方口味，口感湿润、细腻，冷藏后食用有入口即化之感。

用料

脱皮绿豆200克 · 炼乳30克 · 蔓越莓碎适量

蔓越莓绿豆糕

Ⅰ 烹饪时间：40分钟 Ⅰ 烹饪难度：简单

做法

1 脱皮绿豆泡凉水数小时，至完全膨胀。

2 绿豆沥干水，入电饭锅，加适量水，焖20分钟，用筷子能轻轻夹碎，出锅凉凉。

3 绿豆用勺子按压成末，过筛更细腻。

烹饪秘籍

1 市售的脱皮绿豆用起来更方便。室温太高时可放冰箱冷藏浸泡，泡绿豆的水营养丰富，可煮水或者煮粥食用。

2 加炼乳不但增加香甜味，还利于绿豆粉成团。也可用蜂蜜代替。

4 炼乳和蔓越莓干准备好。蔓越莓干切碎。

5 炼乳、蔓越莓碎、绿豆泥充分混合。

6 取适量绿豆泥团成小球放入模具中，倒扣脱模，冷藏后食用。

蜜豆山药糕

百万点击量

| 烹饪时间：30分钟 | 烹饪难度：简单 | 🍱 适合做便当

山药是药食同源的食材，可入菜又可代替主食。洁白细腻的山药泥和蜜红豆混合，用模具压成小巧的山药糕，口感香甜、软糯，可做餐中甜点或者午后零食。

用料

铁棍山药2根·红小豆适量·白糖适量·牛奶适量

做法

1 提前泡数小时的红小豆入锅中，加适量水、白糖，盖盖子焖煮15分钟。

2 山药刮掉外皮，冲洗干净，截成段放盘中，蒸15分钟至全熟。

3 蒸熟的山药用压泥器压成细腻的山药泥。

4 山药泥中逐量加入牛奶、白糖，混合成膏状。

5 蜜红豆混入山药泥中，用勺子拌匀。

6 用好看的模具塑形，更显精致。装盘后可撒少许干桂花装饰。

烹饪秘籍

1 蜜红豆用现成的更省时间。

2 山药泥不要太稀，否则不易脱模。用月饼模具或饼干模具可轻松塑形并脱模。

3 糖量可根据喜欢的口感添加。

用料

糯米粉150克 · 黏米粉100克 · 细砂糖30克 · 鲜牛奶130毫升 · 水洗红豆沙适量 · 干桂花适量

烹饪秘籍

1　黏米粉即大米粉，在超市和网店均可买到，和糯米粉的比例是1：1.5左右。

2　铺一层米粉蒸一下，可使成品更加暄软有弹性。也可全部铺完后再蒸，但需要加时。

3　水洗红豆沙比油豆沙清爽，入口即化，也可用紫薯泥、南瓜泥、莲蓉等代替。

4　凉后的松糕重新加热几分钟，可恢复出锅时的口感。

豆沙大米松糕

| 烹饪时间：1小时 | 烹饪难度：中等 | 适合做便当

大米松糕热吃暄腾腾、很筋道，凉吃稍硬，需切薄片，口感接近云片糕。用红豆沙将成块的松糕分层，口感暄软又香甜，热吃凉吃各有风味。撒点干桂花同蒸，香味更是沁人心脾。

做法

1　两种米粉、细砂糖、牛奶用手搓揉混匀，至米粉能轻松攥成团，用手一捻又能散开。

2　用大眼儿筛子过筛，这步是松糕蓬松口感的关键。

3　蒸盘上铺纱布，放6英寸慕斯圈，铺一层米粉，蒸1～2分钟。

4　适量红豆沙放保鲜袋中，擀成比慕斯圈略小的圆片。

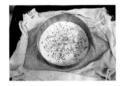

5　红豆沙铺在圈中米粉上，再铺一层米粉，撒干桂花，蒸1～2分钟。

6　以此类推，一层豆沙、一层米粉、一层干桂花，直到将慕斯圈填满。多余的米粉入其他容器中。

7　将松糕生坯送入蒸箱或蒸锅，100℃蒸50分钟，出炉后稍凉，可轻松脱模，用锯齿刀切块食用。

核桃红枣糕

百万点击量

| 烹饪时间：1.5小时 | 烹饪难度：中等 | 适合做便当

红枣糕是传统的中式点心，色泽金红，枣香浓郁，加点核桃让营养升级。烤一盘枣糕，全家的早餐和小零食都不愁了。枣糕越品越香，自己做的能控制糖量，享美味时吃得更健康。

用料

红枣肉150克·核桃仁50克·低筋面粉200克·红糖130克·纯牛奶100毫升·鸡蛋8个·无铝泡打粉8克·小苏打4克·盐4克·玉米油80毫升·生白芝麻适量

烹饪秘籍

1　面粉和枣糊的用量较大，所以泡打粉不能省。
2　打发完蛋糊就要预热烤箱。

做法

1 红枣剪成如黄豆大的丁，加牛奶浸泡2分钟，小火加热变软后加红糖，搅拌溶化。

2 红枣泥和鸡蛋同入盆中，用电动打蛋器高速打发，至蛋糊体积变大，颜色变浅，蛋糊垂落的痕迹10秒不消失。

3 低筋面粉、泡打粉、盐、小苏打混合，分两次筛入蛋糊中。

4 从下向上翻拌成细腻的面糊。

扫码看视频，轻松跟着做

5 将掰碎的核桃仁和玉米油倒入面糊，抄底拌匀。

6 将枣糕糊从20厘米高处倒入8英寸固定蛋糕模具中，表面撒生白芝麻。

7 送入预热好的烤箱中层，上下火150℃，烤60～70分钟。出炉后轻震几下，凉后脱模切块。

这个叫"猫耳朵"的小零嘴因形似小猫耳朵而得名。它口感酥脆，虽然是油炸的，但是一点不油腻，只是借着油温把揉了鸡蛋的面片炸蓬松。

零食猫耳朵

| 烹饪时间：1小时 | 烹饪难度：中等

扫码看视频，
轻松跟着做

用料

中筋面粉240克·鸡蛋2个·细砂糖20克·红糖20克

烹饪秘籍

1 面团用鸡蛋揉的，油炸后会膨胀，所以要切得薄一些，为呈现自然的耳朵弧度，进油锅前将生坯用手捏几下整形。

2 红糖易结块，使用前将硬块挑出不用，或者用鸡蛋、少量水将红糖化开。

3 面卷不是冻得越久越好，只要定形能切薄片即可。

做法

1 120克面粉、20克细砂糖、1个鸡蛋同入碗中，加适量水，揉成面团，盖盖子醒15分钟。

2 120克面粉、20克红糖、1个鸡蛋同入碗中，加适量水，揉成面团，盖盖子醒15分钟。

3 案板上撒少许面粉，分别把2个面团擀成2毫米厚的长方形面片。1张表面刷少许凉水，面皮摞一起，中间无空气。

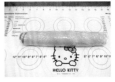

4 白面皮放下面，卷成卷，轻轻揉搓几下，用保鲜膜包裹，入冰箱冷冻30分钟。

5 将略变硬的面卷用利刀切厚约2毫米的薄片。

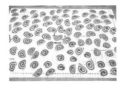

6 切片码放在揉面垫上，避免粘连。

7 油锅加热，放一小块面片在油里，沉底后能迅速浮起来说明温度合适。将生坯入油锅，炸到浮在油面上捞出，复炸一遍，颜色和口感更佳。

大米发糕

百万点击量

| 烹饪时间：3小时 | 烹饪难度：中等 | ⊞ 适合做便当

大米发糕色泽洁白、绵软甜润，百吃不厌，加点水果干，颜值和口味都丰富了。其清甜暄软的口感让人不觉得腻，发酵后产生的特殊香气还很开胃。

用料

大米200克·中筋面粉40克·醪糟40克·白糖30克·干酵母5克

烹饪秘籍

1　泡好的大米吃水差，只要料理机能将米浆打起来就可以。水多浆稀，影响涨发。如果加太多面粉会影响米发糕的口感。

2　米浆发酵的速度比面粉发酵的速度慢很多，适宜温度是30～35℃，可长达七八个小时，加少许面粉可缩短发酵时间。

做法

1　大米淘洗2遍，用适量凉水浸泡数小时，天热时入冰箱冷藏浸泡。

2　用破壁料理机将大米、醪糟、少许泡米水打成米浆，倒入深盆里。

3　加适量面粉，混合成浓稠的米面糊，挑起来呈细丝带般快速垂落。

4　加干酵母和白糖，混合均匀后蒙保鲜膜，在温暖湿润处发酵。

5　发酵好的米浆有2～3倍大，表面有大小不等的气泡，伴有明显的酸甜味。

6　用勺子将米浆搅拌至细腻浆状。

7　装入小容器里，7分满即可，二次发酵至9分满，入锅蒸20分钟即可。

这是一道改良版的蓝莓山药，加了原味酸奶后香甜软糯，口感清新低热量，淡淡的奶香配上酸甜的蓝莓酱特别开胃，是秋冬季节我家餐桌上常见的中式甜点。

蓝莓山药

| 烹饪时间：20分钟 | 烹饪难度：简单

用料

铁棍山药2根·蓝莓酱适量·原味酸奶适量·盐1克

做法

1 铁棍山药冲洗干净，削掉外皮。

2 切成段，放蒸盘里，大火蒸10分钟至全熟。

3 用压泥器将山药压成细腻的山药泥。

4 逐量加入原味酸奶、少许盐，搅拌成柔软的膏状。

5 山药泥舀入盘里做造型或者装入裱花袋中挤出造型。

6 蓝莓酱加少许原味酸奶稀释，淋在山药上即可。

烹饪秘籍

原味酸奶有甜味，所以山药泥中无须再放糖。如用自制无糖酸奶或者牛奶，可适量加糖。

驴打滚

| 烹饪时间：30分钟 | 烹饪难度：简单

驴打滚是北京的传统小吃之一，成品黄、白、红三色分明，煞是好看。外裹一层黄豆面，犹如郊外野驴撒欢打滚时裹了一身黄土，大概就是因此而得名的吧。

用料

糯米粉200克·白糖20克·水洗红豆沙适量·熟黄豆面适量·玉米油少许

做法

1 糯米粉、白糖、200毫升凉水入大盘，混合均匀。

2 入蒸锅或蒸箱，蒸15分钟，糯米粉由雪白色变半透明状。

3 稍凉凉，手上和案板上抹少许玉米油，将糯米团揉光滑。

4 案板上撒少许熟黄豆面，将糯米团擀成厚约3毫米的长方形面片，均匀铺抹红豆沙。

5 从上向下卷成卷，封口朝下，表面撒黄豆面。

6 用利刀以拉锯的方式切块即可。

烹饪秘籍

1 水洗红豆沙不含额外油脂，口感清爽，有入口即化之感，购买时需注意配料表。

2 熟黄豆面有成品购买，也可以自己制作，即将炒熟或烤熟的干黄豆用破壁料理机打成粉末即可。

红润的山楂球裹着晶莹剔透如小冰碴儿般的粗砂糖，光看一眼就喜欢上了，它不仅是开胃小食，更是对童年生活的回忆。

山楂球

| 烹饪时间：40分钟 | 烹饪难度：简单

扫码看视频，轻松跟着做

用料

去核山楂500克·冰糖150克·粗砂糖适量

做法

1 去核山楂入凉水锅中，水量没过山楂即可。

2 大火加热，山楂煮软，用勺子能轻松压碎就关火。

3 山楂肉加几勺山楂汤，用料理机打成细腻的山楂糊。

烹饪秘籍

1 山楂膏要炒得硬一些才好定形。

2 冰糖可用砂糖或者绵白糖代替。

3 常温下密封保存，3日内食用完；放冰箱冷藏保存，10日内食用完。

4 山楂糊和冰糖倒不粘炒锅里，中火炒至大部分水分蒸发。

5 随时调整火力，将山楂糊炒成较干的山楂膏。

6 戴一次性手套，取适量山楂膏揉成球，裹粗砂糖并轻轻按压即可。

酥脆小麻花

| 烹饪时间：40分钟 | 烹饪难度：简单

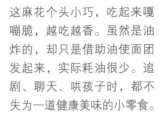

扫码看视频，
轻松跟着做

这麻花个头小巧，吃起来嘎嘣脆，越吃越香。虽然是油炸的，却只是借助油使面团发起来，实际耗油很少。追剧、聊天、哄孩子时，都不失为一道健康美味的小零食。

用料

中筋面粉160克·鸡蛋50克·牛奶40毫升·细砂糖30克·盐2克·无铝泡打粉1克·植物油适量（实耗约10毫升）

烹饪秘籍

1 高温油不宜反复使用，所以麻花分次炸，油量只要能让麻花浮起来即可。
2 面团中放鸡蛋可增加香味和膨胀感，加牛奶有奶香，同时也能增加面团的筋性。
3 面团含水少，操作中也极易失水分，所以未操作的面团要全程盖保鲜膜防干。

做法

1 将除植物油以外的全部材料入盆中，揉成团，盖盖子，醒15分钟。

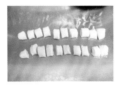

2 搓长条，切成大小均匀的剂子。

3 剂子搓细长条，如果粘手可撒少许面粉。

4 面条分几次搓成细长条，如糖葫芦竹扦子般粗细。

5 对折，搓出密实的花纹。

6 再对折，把一端塞入另一端的小圈里，这样炸的时候不易散开。

7 油加热至四五成热，麻花入锅，全程中小火，不时搅动，轻敲麻花有清脆声时捞出控油，凉凉。

有道著名的小吃叫"杏仁豆
腐"，我突发奇想，做了个椰
汁豆腐。果然，形状和口感
都没让人失望。这豆腐洁白
如玉，口感微弹，冷藏后食
用，香甜爽滑，清热去燥，
精神为之一振。

用料

椰汁350毫升·牛奶50毫
升·琼脂6克·干桂花1撮

椰汁豆腐

I 烹饪时间：10分钟 I 烹饪难度：简单

做法

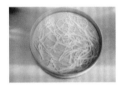

1 琼脂用凉水浸泡。泡
发好的琼脂柔软又洁白。

2 椰汁和牛奶同入小
碗，中火煮开后转小火。

3 将琼脂入椰汁牛奶
里，用茶匙不时地搅拌，
使其化开。

4 把椰汁牛奶倒入两个
小碗里，稍凉几分钟，
蒙保鲜膜，入冰箱冷藏
至凝固。

5 取一撮干桂花入小碗，
用60℃左右的热水浸泡，
使其释放香味，凉后
使用。

6 用小刀将凝固结实的
椰汁牛奶纵横切小块，
淋上桂花水即可。

烹饪秘籍

1 椰汁用市售现成的椰
汁饮料，无须额外放糖。
加适量牛奶可增加奶香和
洁白度。椰汁换成杏仁
露，即为杏仁豆腐。
2 琼脂可在超市及网店
买到，不能用吉利丁片代
替，这二者做出的成品形
状和口感不一样。

红薯芝麻球

百万点击量

丨烹饪时间：30分钟　丨烹饪难度：简单

用料　红薯200克・糯米粉50克・生白芝麻适量

做法
1 红薯蒸熟碾成泥，加适量糯米粉。用勺子将红薯泥和糯米充分搅拌成膏状。
2 取适量红薯糯米揉成球，大小如鸡蛋黄。
3 将红薯糯米球在白芝麻中滚一下，再用手轻压结实。
4 入空气炸锅或者烤箱中，180℃烤10分钟，至表面微黄，形成了一个微硬的壳，内心柔软即可。

烹饪秘籍

1 新鲜红薯买回来后水分较大，晾晒几日后水分蒸发，糖量浓缩，口感更佳。红薯的含水量不同，糯米粉要逐量添加。
2 在芝麻上刷一层薄油再送入炸锅中，烤出来会有油炸的效果。

用料　乌梅30克・甘草10克・陈皮10克・山楂10克・黄冰糖适量・干桂花少许

做法
1 将除干桂花以外的全部材料放入养生壶中。
2 加适量水，煮至沸腾后熬煮10分钟。
3 将头遍汤倒入凉杯中，继续加水熬煮两三遍，临出锅时撒干桂花即可。

酸梅汤

百万点击量

丨烹饪时间：30分钟　丨烹饪难度：简单

烹饪秘籍

1 黄冰糖可用普通冰糖代替，用量随口味调整。
2 在此基础上，还可加入洛神花、薄荷叶。
3 可用大锅一次熬好，也可用养生壶分几次熬煮，再对在一起。

用灿烂的南瓜泥当水，与糯米粉混合成团，再裹上白芝麻，或煎或炸或烙成各种形状的饼、棒、球，同一食材品出了不一样的口感。

南瓜糯米球棒饼

| 烹饪时间：40分钟 | 烹饪难度：简单

用料

糯米粉130克 · 南瓜150克 · 白糖10克 · 白芝麻适量 · 植物油适量

烹饪秘籍

1 同样的材料因烹饪方式不同，口感也不相同。
2 糯米饼和糯米球只需要少许油润锅。

做法

1 南瓜去皮、去子，切小丁，蒸熟。用料理机打成细腻南瓜泥。

2 糯米粉、白糖、南瓜泥揉成光滑的团，手指按有浅坑，醒10分钟。

3 将糯米团分3份，分别搓长条，切剂子。

4 将一份剂子搓成球，按扁，两面蘸满白芝麻。

5 热锅温油，将芝麻糯米饼两面煎金黄，中间略鼓，出锅。

6 将另一份剂子搓成橄榄形，滚满白芝麻。入七八成热油锅，小火炸金黄、体积变大，出锅。

7 将第三份剂子搓圆球，裹满白芝麻。丸子盘中火加热，放入芝麻球煎至金黄、变大，出锅。

酸甜开胃果丹皮

| 烹饪时间：2小时 | 烹饪难度：简单

小时候特别喜欢吃果丹皮、山楂卷，透明玻璃纸包裹着红彤彤的小卷，消食又开胃，尤其喜欢狠狠嚼果丹皮的那痛快劲儿。

用料

山楂肉1000克·白糖400克·柠檬汁30毫升

烹饪秘籍

1 山楂的甜度不一样，白糖量可随口味来调整。柠檬汁有防腐、提亮效果。

2 还可加入一半的苹果，做成苹果山楂卷。

3 阴凉处自然晾干也可以，手摸不粘，且柔软有弹性的状态就开始卷。

做法

1 山楂肉、白糖、柠檬汁、600毫升凉水倒入面包机中。用"果酱功能"熬成浓稠的山楂酱。

2 山楂酱用料理机打成细腻的山楂泥。山楂泥倒入不粘炒锅里，先大火，后小火，炒成不易流动的糊状。

3 将山楂糊铺在烘焙用油布上，刮平表面，厚度约3毫米。用烤箱的热风循环，温度80℃。或用果干机，90℃。

4 烘烤至大部分水分蒸发，手摸着不粘，从油布上撕下来。

5 将果丹皮光滑面朝下，卷成卷。

6 用利刀切成均等份。细长的就是果丹皮，短粗的就是山楂卷。

可丽饼是西式软饼，跟咱中式的鸡蛋软饼有异曲同工之处，只是材料用得精致些，口感香甜柔软，能与蔬菜、水果、火腿等各种食材随意搭配。

蜂蜜可丽饼

Ⅰ 烹饪时间：40分钟 Ⅰ 烹饪难度：简单

用料

低筋面粉100克·细砂糖20克·盐1克·鸡蛋2个·动物淡奶油40克·牛奶240毫升·黄油少许·蜂蜜适量·草莓适量

做法

1 面粉、细砂糖、盐混合均匀，依次加入鸡蛋、淡奶油。拌匀后逐量倒牛奶，边拌边稀释。

2 至牛奶面糊细腻、顺滑，无面疙瘩，蒙保鲜膜静置1小时使用。

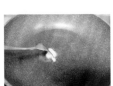

3 平底不粘煎锅小火加热，用固体黄油在锅底蹭几下。

烹饪秘籍

1 如果早上吃，可头天晚上将面糊调好放冰箱冷藏保存。

2 黄油不是每张都放，只是煎第一张之前抹一下锅底润锅。

4 用勺子舀面糊入锅，端起锅轻轻转动，使面糊均匀铺满锅底。

5 小火加热，用小铲将翘起的边缘掀开，两手轻提饼皮，快速翻面。

6 待两面都煎成淡淡的黄色后，在锅里折叠，直接出锅摆盘。淋上蜂蜜，配上草莓等水果即可。

原味华夫饼

I 烹饪时间：40分钟 I 烹饪难度：中等

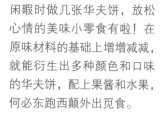

扫码看视频，
轻松跟着做

闲暇时做几张华夫饼，放松心情的美味小零食有啦！在原味材料的基础上增增减减，就能衍生出多种颜色和口味的华夫饼，配上果酱和水果，何必东跑西颠外出觅食。

用料

鸡蛋2个·细砂糖40克·牛奶60毫升·玉米油30毫升·低筋面粉90克·玉米淀粉25克·无铝泡打粉6克

烹饪秘籍

1 用天然果蔬粉代替等量的低筋面粉，可做出多种颜色和口味的华夫饼。
2 操作手法与海绵蛋糕的手法较接近。去掉泡打粉会导致口感和形状上有一些改变。

做法

1 将鸡蛋的蛋清蛋黄分离，蛋清入无油无水的盆里。

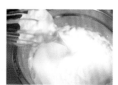

2 将蛋清用电动打蛋器中速打发，分3次加细砂糖。打至蛋白霜细腻有光泽，提起打蛋器，蛋白霜呈现小弯角或小直角。

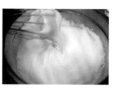

3 将蛋黄加入蛋白糊中，用电动打蛋器低速搅打1分钟，至蛋糊呈大弯角。

4 将玉米油、牛奶充分搅拌至无油星，贴盆壁倒入蛋糊，用蛋抽翻拌均匀。

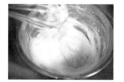

5 粉类混合，筛入蛋糊里，用蛋抽翻拌成细腻的华夫饼糊。

6 混合面糊时加热华夫饼机，舀适量面糊在烤盘上，盖上盖子加热2~3分钟。

7 加热充分的华夫饼上色漂亮、纹路清晰、可轻松脱模。

悠闲的早晨，调好面糊，做几块华夫饼，真是很惬意的事。加点香葱肉松，咸甜味的比纯甜味的更吸引人。

用料

鸡蛋2个·牛奶60毫升·细砂糖30克·玉米油30毫升·低筋面粉90克·玉米淀粉25克·无铝泡打粉6克·肉松20克·香葱叶10克

烹饪秘籍

1 细砂糖分3次加入蛋白糊中，分别是打出粗泡、白色发泡、细腻有少许纹路。
2 加无铝泡打粉可使华夫饼口感更香酥。如果不加泡打粉，蛋白糊逐渐消泡会使最后几块华夫饼口感偏硬。

肉松香葱华夫饼

| 烹饪时间：30分钟 | 烹饪难度：中等

做法

1 将鸡蛋的蛋清蛋黄分离，蛋清入无油无水的打蛋盆中。香葱叶切碎末。

2 用电动打蛋器将蛋清高速打发，分3次倒入细砂糖，待光泽细腻时，提起打蛋器，蛋白糊呈大弯钩状。

3 将蛋黄入蛋白糊中，用电动打蛋中速搅打2分钟。

4 筛入玉米淀粉、面粉和泡打粉，用刮刀翻拌均匀。

5 将牛奶和玉米油拌匀至无油水分离状，贴盆壁倒入面糊。

6 将香葱末和肉松倒入面糊，混合几下。

7 华夫饼机提前加热3分钟，舀适量面糊在烤盘上，合上烤盘，加热2~3分钟即可。

焦糖卡士达布丁

I 烹饪时间：40分钟 I 烹饪难度：简单

嫩滑的焦糖卡士达布丁，吱溜一下就滑入胃中，再三告诫自己别那么着急吃，总算品味出了它的美好。当你知道这不过是牛奶鸡蛋羹时，是不是觉得它瞬间接地气儿了？

用料

焦糖用白糖45克·鸡蛋2个·牛奶250毫升·细砂糖20克·香草精数滴

烹饪秘籍

1 焦糖要小火熬，熬到浅褐色时，手握锅柄准备随时离火。

2 微沸的牛奶要少量缓慢地倒入鸡蛋液中，防止太快太多而烫成鸡蛋花。

做法

1 45克细砂糖和10毫升凉水同入小锅，小火加热，不要搅拌。待糖浆出现浅褐色时用茶匙轻轻搅拌。

2 待糖浆熬到稍深一点儿的琥珀色时，离火，倒入6英寸固底蛋糕模具中。

3 2颗鸡蛋加20克细砂糖混合均匀。

4 牛奶小火加热，表面微微冒泡时离火，少量缓慢倒入鸡蛋液中，边倒边搅拌。

5 滴几滴香草精，牛奶蛋液过筛入蛋糕模具中。

6 模具放在盛了水的烤盘里，送入预热好的烤箱，上下火160℃，烤30分钟。

7 出炉后放至温热，蒙保鲜膜入冰箱冷藏保存，凉后用小刀沿内壁划一圈，倒扣在盘中即可。

夏天爱吃芒果布丁，香甜凉爽，一小瓶入肚儿，全身的暑气已经去了不少。简单快手的小甜品，带给人无限满足，也让人对炎热的夏天有了几分期待。

用料

芒果泥240克 · 芒果丁适量 · 鲜牛奶240毫升 · 吉利丁片10克 · 白糖20克

芒果布丁

百万点击量

| 烹饪时间：20分钟 | 烹饪难度：简单

做法

1 不规整的芒果丁用料理棒打成泥。整齐的芒果丁留着做装饰。

2 白糖加入牛奶中，小火煮沸即关火，凉1分钟。

3 吉利丁片剪小块，用凉水泡软，沥干水，放入牛奶中，搅拌化开。

4 芒果泥和牛奶液充分混合。过一下筛，更加细腻。

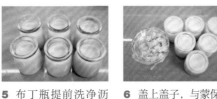

5 布丁瓶提前洗净沥水，将芒果布丁液倒入瓶中，7分满。

6 盖上盖子，与蒙保鲜膜的芒果丁入冰箱冷藏2小时以上，布丁液完全凝固后撒芒果丁装饰食用。

烹饪秘籍

1 吉利丁片泡软使用，与液体的比例为1：40，即1片5克的吉利丁片可溶入200毫升液体中，芒果泥也算液体。多放可使布丁更结实，但会失去柔嫩感。
2 用同样的方法和比例，可做多种水果布丁。

吐司山药卷

| 烹饪时间：40分钟 | 烹饪难度：简单 | 适量做便当

用料　铁棍山药1根·吐司片8片·鸡蛋1个·牛奶20毫升·细砂糖20克·白芝麻适量·油少许

做法
1 铁棍山药刮皮，洗净，切段，上锅蒸10分钟至全熟，压成细腻的泥，加少许牛奶、细砂糖拌匀。鸡蛋打成蛋液。
2 把吐司片的四边切掉，只用中间白色部位。擀成薄薄的片。
3 取适量山药泥铺在吐司片的底端，整理成柱形。由下向上卷成卷。
4 吐司山药卷在鸡蛋液中滚一下，裹满鸡蛋液，两端蘸上白芝麻。
5 摆放在刷油的锡纸上，送入预热好的烤箱中层，200℃，烤20分钟左右即可。

 烹饪秘籍

1 牛奶不宜太多，山药泥如果太湿，加热过程中热汽外溢，吐司卷不易烤焦脆。
2 烤的时间越久，外皮越酥脆。可直接食用，也可蘸蜂蜜或者果酱食用。

用料　爆米花专用玉米豆50克·白糖50克·黄油15克

做法
1 爆米花专用玉米豆倒入转笼里。转笼安放在"空气炸"烤箱中，200℃，烤12分钟成爆米花。
2 50克白糖、40毫升凉水入炒锅，小火加热，让白糖自然化开。
3 待透明状的糖水逐渐变成琥珀色，加入黄油，化开后立即离火。
4 将爆米花倒入糖浆中，快速翻拌至裹满焦糖，稍凉后将粘连在一起的分开即可。

焦糖爆米花

| 烹饪时间：30分钟 | 烹饪难度：简单

 烹饪秘籍

1 玉米豆要用爆米花专用的，可以用炒锅爆出花来，做法可参考所买玉米豆的说明书。
2 焦糖一定要小火熬，变色后更要密切观察，随时离火，防止炒过头而变苦。

用烤箱烤蛋糕是极寻常的事，用电饭煲其实也能做，尤其用有"蛋糕"功能的电饭煲，很快，松软、弹口、清新的戚风蛋糕就出锅了。

电饭煲戚风蛋糕

扫码看视频，轻松跟着做

| 烹饪时间：80分钟 | 烹饪难度：中等

用料

鸡蛋5个·低筋面粉90克·牛奶50毫升·玉米油40毫升·蛋白用细砂糖60克

做法

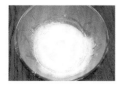

1 将鸡蛋的蛋清蛋黄分离，蛋清入无油无水的打蛋盆中。蛋黄中依次加入玉米油、牛奶，搅打至无油星状，筛入低筋面粉。

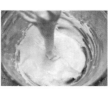

2 以不规则的方向混合均匀，提起蛋抽，蛋黄糊呈丝带般垂落。

3 蛋清用电动打蛋器先高速搅打，分3次加入细砂糖。第3次加糖后转低速，提起打蛋器，蛋白糊呈小弯角或小直角。

烹饪秘籍

1 蛋糕的配方及制作手法与烤箱版的一样，此配方适合于8英寸普通圆模或者2个6英寸圆模。

2 电饭煲版的蛋糕比烤箱版的湿润、有入口即化的轻乳酪蛋糕的口感，但因为加热方式不一样，蛋糕会比烤的腥味大一些。

4 将1/3蛋白糊与蛋黄糊混合，再倒回蛋白糊盆中，从下向上翻拌均匀，切勿划圈搅拌，防止消泡。

5 电饭煲内胆擦干，不要抹油，倒入蛋糕糊，端锅轻震几下。

6 用"蛋糕"功能，50分钟后直接开盖，取出内胆，倒扣在晾架上，10分钟左右自然脱模。用锯齿刀切块即可。

空气炸薯条

| 烹饪时间：20分钟 | 烹饪难度：简单

用料　中等土豆2个·植物油少许·番茄沙司适量

做法
1　土豆削皮，切小拇指粗细。入开水中焯30秒，至土豆条有通透感捞出。
2　将土豆条入空气炸锅炸篮里，180℃，全程烘烤15分钟。
3　10分钟时将炸篮拉出，摇晃几下使薯条均匀散开，用刷子蘸少许植物油在土豆条表面抹几下，重新推入炸锅中。
4　180℃再烤5分钟，表面上色即可出锅。配上番茄沙司或者其他酱料，开心享用吧。

烹饪秘籍

1　土豆选用黄心土豆，口感软糯，很适合做薯条。
2　土豆条焯水后已经有5成熟，用空气炸锅能很快形成一层硬壳且上色快。
3　油可刷可不刷。

用料　土豆3个·盐少许·新奥尔良烤肉料适量·植物油适量

做法
1　土豆刮掉外皮，清洗干净，沥干水分，切成小一点儿的滚刀块。
2　平底煎锅中倒适量植物油，油量比炒菜油量略多些。
3　油热后，土豆块入锅，不时翻动，使其均匀裹上油并受热。
4　待土豆块边缘变成金黄色，表面略有焦色，盛入盘中，撒盐及烤肉料调味即可。

烹饪秘籍

1　土豆的品种很多，宜选用口感软糯的品种。
2　土豆块小一点，受热又快又均匀，油煎比油炸更省事。

煎薯角

| 烹饪时间：20分钟 | 烹饪难度：简单

用空气炸烤箱或空气炸锅做非油炸的小吃，健康美味省时间。脆皮鸡米花、洋葱圈、薯条，这些快餐店的网红小吃，用不了半小时，满满一大盘就"闪亮登场"！

非油炸小吃拼盘

▎烹饪时间：40分钟 ▎ ▎烹饪难度：简单

用料

鸡胸肉1块·黑胡椒粉3克·红辣椒粉2克·盐2克·生抽10毫升·酱油10毫升·黄洋葱半个·黄心土豆1个·玉米淀粉适量·鸡蛋2个·金黄面包糠适量

做法

1 鸡胸肉切2厘米见方的丁，放黑胡椒粉、红辣椒粉、盐、生抽、酱油抓匀，腌30分钟。

2 鸡肉丁依次蘸裹淀粉、打散的鸡蛋液、面包糠，码放在炸篮里。

3 入空气炸烤箱，190℃烤10分钟出炉。

烹饪秘籍

1 腌鸡肉时可将土豆条、洋葱圈处理并完成，总体用时会缩短很多。
2 小吃出炉后可以蘸食喜欢的番茄酱等酱料。

4 土豆去皮，切小手指粗细的条。焯水10秒捞出，码放在炸篮里，入空气炸烤箱190℃烤8分钟出炉。

5 洋葱圈切圈，用少许盐腌5分钟，依次蘸淀粉、鸡蛋液、面包糠。

6 洋葱圈入空气炸烤箱，190℃烤6~8分钟出炉。

芒果酸奶冰棍

百万点击量

| 烹饪时间：20分钟 | 烹饪难度：简单

用料 原味酸奶200克·熟透的芒果2个·淡奶油100克·细砂糖少许·黑巧克力适量

做法
1 芒果取果肉，切小丁，用料理机打成细腻的芒果泥。
2 冷藏过的淡奶油用打蛋器打出有少许纹路的浓稠状。
3 淡奶油、原味酸奶、细砂糖倒入芒果泥中，搅拌均匀。
4 芒果酸奶糊倒入模具中，插入小棍，入冰箱冷冻室，凝固后取出脱模。
5 黑巧克力入裱花袋中，隔水融化，袋子前端剪一小口，在冰棍上随意挤出线条。

烹饪秘籍

1 芒果奶糊越细腻，冰棍口感越好。原味酸奶用自制或买现成的均可，细砂糖酌量添加。
2 加了淡奶油口感更加醇香、浓厚，如果不放就用原味酸奶代替，口感更清爽，热量更低。

格兰诺拉麦片

| 烹饪时间：40分钟 | 烹饪难度：简单

扫码看视频，
轻松跟着做

用料 生燕麦片2000克·生南瓜子、生葵花子、生杏仁片、椰丝、松子仁各150克·玉米片200克·蔓越莓干300克·麦芽糖50克·蜂蜜30毫升·椰子油60毫升

做法
1 蜂蜜、麦芽糖、椰子油同入一盆，隔水融化，混合均匀。
2 燕麦片、坚果仁、玉米片及椰丝倒入蜂蜜椰油中，充分搅拌，铺在垫了油纸的烤盘里。
3 入预热好的烤箱中层，上下火155℃烤30分钟，中途搅拌一次。
4 出炉后倒入蔓越莓干，彻底凉后入罐密封保存。

烹饪秘籍

1 不限于这些果仁和果干，还可加入其他坚果和果干。
2 椰子油可以用橄榄油代替，麦芽糖可用枫糖浆代替。

用料　蛋清65克·蛋清用细砂糖20克·熬糖用细砂糖115克·食用色素少许

烹饪秘籍

1　用意式熬糖法打发蛋白，蛋白糊状态更稳定。

2　如果蛋白始终不坚挺，可适量加糖粉。

3　烤好的蛋白糖可直接食用，也可做甜品的装饰，室温下密封保存一两个月没问题。

梦幻蛋白糖

❙ 烹饪时间：1.5小时　❙　烹饪难度：中等

做糕点剩下的鸡蛋清别浪费，加一碗糖粉做成蛋白糖，是哄孩子、做甜点装饰的小食品。玲珑小巧的模样，入口即化的口感，加一点儿食用色素，给人带来梦幻般的惊喜。

做法

1　115克细砂糖和45毫升凉水同入小锅，小火加热至117℃左右。

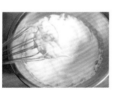

2　同时打发蛋清，将20克细砂糖分2次加入，中速打发至蛋白呈小弯角或小直角。

3　熬好的糖水缓慢倒入蛋白糊中，边倒边打发蛋白，避免糖水碰到打蛋器及盆壁。

4　中速搅打蛋白糊，使其呈现出陶瓷般的质感。停下打蛋器，蛋白糊坚挺且呈小弯角状。

5　取少许食用色素与蛋白糊混合，装入裱花袋中。

6　用多齿的中号花嘴，挤在铺了油布的烤盘上。

7　送入预热好的烤箱，90℃烤1小时左右，至蛋白糖里外干燥，凉凉后入袋保存。

图书在版编目（CIP）数据

百万点击量的家常菜 / Meggy 跳舞的苹果编著 . —
北京：中国轻工业出版社，2024.1
ISBN 978-7-5184-3443-5

Ⅰ . ①百… Ⅱ . ① M… Ⅲ . ①家常菜肴 – 菜谱
Ⅳ . ① TS972.12

中国版本图书馆 CIP 数据核字（2021）第 051878 号

责任编辑：张　弘　　责任终审：劳国强　　整体设计：锋尚设计
责任校对：晋　洁　　责任监印：张京华

出版发行：中国轻工业出版社（北京鲁谷东街5号，邮编：100040）
印　　刷：北京博海升彩色印刷有限公司
经　　销：各地新华书店
版　　次：2024年1月第1版第4次印刷
开　　本：710×1000　1/16　印张：12
字　　数：200千字
书　　号：ISBN 978-7-5184-3443-5　定价：49.80元
邮购电话：010-85119873
发行电话：010-85119832　010-85119912
网　　址：http://www.chlip.com.cn
Email：club@chlip.com.cn
如发现图书残缺请与我社邮购联系调换
232209S1C104ZBW